긍정적으로
아이
키우기

이 책은 원작 Positive Discipline in Everyday Parenting PDEP_fourth edition
(ISBN: 978-1-927612-04-0)에서 수정되었습니다.

원작은 PDEL 웹사이트 (www.positivedisciplineeveryday.com)와
세이브더칠드런 리소스 센터(https://resourcecentre.savethechildren.net/library/
positive-discipline-everyday-parenting-pdep-fourth-edition)에서 확인할 수 있습니다.

부모와 아이가
함께 성장하는 비폭력 양육법

긍정적으로 아이 키우기

조안 듀랜트 지음
세이브더칠드런 코리아 옮김

민들레

꽃으로도 때리지 않고 키울 수 있길

2021년 3월, 대한민국은 세계에서 62번째 '아동체벌금지 국가'가 되었습니다. 체벌금지 국가가 되었다는 것은 대한민국의 모든 아동이 어떤 이유로도 체벌 받지 않도록 법으로 보호한다는 것을 의미합니다. 이는 아동 보호 측면에서 매우 중요한 진전입니다. 체벌에 대한 판단을 더 이상 개인에게 맡기지 않고 국가가 관여하여 적극적으로 아동을 보호하겠다는 선언이기 때문입니다.

하지만 법의 결정보다 더 시급한 것은 아동이 생활하고 성장하는 일상의 변화입니다. 실제로 아동이 체벌을 경험하지 않으려면 어른들, 특히 부모가 자녀를 체벌하지 않기로 결심하는 것이 가장 중요하고 또 가장 필요합니다.

세이브더칠드런에서 2013년부터 체벌 근절 캠페인을 진행할 때, 어떤 분들은 '아이가 잘못된 행동을 할 때, 때리지 않고 어떻게 가르치라는 거냐'고 물었습니다. '때리지 않고 오냐오냐 하다가 아이가 제멋대로 자라면 어떻게 하느냐'고 걱정하는 분도 있었습니다. 그런 질문들 안에는 '사랑하는 우리 아이를 잘 가르치고 싶다'는 좋은 의도와 '체벌은 아이를 가르치는 방법 중 하나'라는 오해가 함께 들어 있었습니다. 여러 양육자와 훈육에 대한 이야기를 나누면서 많은 분이 아이를 잘 가르치고 싶은데 방법을 몰라서 고민한다는 것도 알게 되었습니다. 세이브더칠드런은 사랑하는 자녀를 잘 가르치고 싶은 양육자의 마음을 존중하면서 아동 권리를 기반으로 체벌 없이 양육할 수 있는 방법을 오랜 시간 고민했습니다.

그러한 고민의 결과, 세이브더칠드런 스웨덴은 2013년, 캐나다 매니토바대학의 조안 듀랜트 교수와 함께, 긍정적으로 아이 키우기(Positive Discipline in Everyday Life)를 개발했습니다. 단순히 '자녀를 때리면 안 된다'라는 주장만으로는 체벌을 막을 수 없었기 때문에, 아동을 존중하며 가르치는 방법을 제시하기 위해 '긍정적으로 아이 키우기'를 책으로 만들게 되었습니다. 이후 일상에서 양육자가 긍정적으로 아이 키우기를 실천할 수 있는 방법을 배우고 연습하기 위해 9주 동안 진행되는 부모 프로그램도 구성했습니다.

이 프로그램은 현재 전 세계 30개국에서 많은 부모가 체벌하지 않고 자녀를 훈육할 수 있도록 돕고 있습니다. 각 나라의 부모들이 자녀에게 기대하는 것들이나 양육에서 경험하는 어려움은 놀랍도록 비슷합니다. 하지만 동시에 자녀 양육은 각 사회의 특성이나 문화의 영향을 많이 받기 때문에 세이브더칠드런은 조안 듀랜트 교수와 함께 우리나라 상황에 맞게 프로그램을 번역하고 수정했습니다.

한국에서는 2018년부터 '긍정적으로 아이 키우기' 부모 프로그램이 전국에서 진행되고 있습니다. 프로그램에 참여한 후 많은 분들이 더는 자녀를 체벌하지 않을 뿐만 아니라 양육에 대한 막막함이나 스트레스도 줄었다는 긍정적인 변화들을 전해주고 있습니다. 세이브더칠드런은 더 많은 분들이 체벌 없이 아동 권리를 존중하며 양육하도록 돕기 위해 『긍정적으로 아이 키우기』 책을 발간합니다.

이 책은 장기적 관점에서 아이를 이해하고 격려하며 가르치는 훈육을 제안합니다. 특정한 상황에서 이렇게 저렇게 해야 한다는 구체적인 지침이 아닌, 문제에 답하는 방식으로 양육자가 스스로 생각해보고 양육에 적용하도록 구성했습니다. 양육 과정에서 아이를 이해하고 존중하는 관점으로 '긍정적으로 아이 키우기' 실천 방법을 이해한 뒤, 아동의 나이나 기질, 상황에 따라 달라지는 문제를 스스로 해결하도록 하는 것이 바로 이 책의 목적입니다.

전 세계의 부모들이 체벌 없는 양육에 대해 도움을 받을 수 있도록 콘텐츠를 개발하고 한국어판 출간에 좋은 의견과 도움을 주신 세이브더칠드런 스웨덴과 조안 듀랜트 교수에게 감사드립니다. 이 책의 출간 목적과 방향에 동의하고 더 많은 부모들에게 도움이 될 수 있도록 적극적으로 협조해주신 민들레출판사에도 감사의 인사를 전합니다. 마지막으로 체벌하지 않고 아이를 존중하고 이해하며 키우기로 다짐하고 이 책을 선택하신 독자들께도 감사드리며 긍정적으로 아이 키우기의 실천을 응원합니다.

2022년 4월
세이브더칠드런 코리아
이사장 오준

다시, 아동 인권을 생각하며

이 책은 유엔의 전 세계의 아동폭력 실태에 관한 연구를 바탕으로 한 2006년 〈유엔아동폭력보고서〉에 대한 대응 및 후속 작업으로 만들어졌습니다.

이 연구에서 전 세계 모든 국가의 아이들이 가정에서 크고 작은 학대를 당하며, 이는 대부분 오랫동안 이어져 온 문화적 관행과 아동 인권에 대한 인식 부족에서 비롯한다는 사실이 드러났습니다.

〈유엔아동폭력보고서〉는 가정에서의 아동폭력을 줄이기 위한 권고사항을 만들어 다음 내용을 강조하고 있습니다.

- 체벌 등 아동폭력의 원인이 될 수 있는 문화적 관습을 바꾼다.
- 아이들과 비폭력 대화를 통해 건강한 관계를 맺는다.
- 비폭력적인 훈육, 문제 해결, 갈등 해소의 훈육 기술을 쌓는다.
- 아이의 발달에 따른 요구와 양육자의 자존감을 존중한다.
- 아동 발달에 관한 이해를 높인다.
- 아이들의 권리에 대한 인식을 높인다.

〈유엔아동폭력보고서〉의 자세한 내용은
www.violencestudy.org에서 보실 수 있습니다.

아이들의 권리란 무엇일까요?

모든 사람은 기본적인 권리를 지닙니다. 이러한 권리는 개인의 인종, 피부색, 성별, 언어, 종교, 견해, 혈통, 빈부, 출생 신분이나 능력에 관계없이 적용됩니다.

어른들만 인권이 있는 게 아니라 아이들도 당연히 권리가 있습니다. 하지만 어른들은 어리고 의존적이라는 이유로 아이들의 권리를 무시하기도 합니다.

1989년, 세계 지도자들은 세상의 모든 사람들에게 아이들도 권리가 있다는 것을 알리기 위해 모든 아이들의 기본적인 인권을 명시하는 조약을 승인했습니다.

'유엔아동권리협약'이라 불리는 이 조약은 세계 대부분의 국가에서 비준을 받았습니다. 이 조약을 비준하는 국가는 아이들의 권리가 보호받을 수 있도록 전념해야 합니다. 유엔아동권리협약에 대한 자세한 정보는 www.unicef.org/crc에서 보실 수 있습니다.

유엔아동권리협약은 부모가 아이들을 키우는
주된 역할을 맡고 있음을 공인합니다.
부모는 아이의 가장 중요한 선생님이자 본보기이며 안내자입니다.
그러나 부모는 아이들의 소유자가 아닙니다.
인권은 어떠한 경우에도 다른 누군가의 소유물이 아님을 보장합니다.

유엔아동권리협약은 아이들에게 다음의 권리를 보장합니다.

▶ 생존하고, 아동의 잠재력을 충분히 발달시킬 권리(생존권 및 발달권)
- 충분한 음식, 집, 깨끗한 물
- 교육
- 의료
- 여가와 오락
- 문화 활동
- 아동권리에 대한 정보
- 자존감

▶ 다음으로부터 보호받을 권리(보호권)
- 폭력과 방치
- 착취
- 학대

▶ 다음과 같은 방법으로 의사결정에 참여할 수 있는 권리(참여권)
- 자신의 의사를 표현하고 그것을 존중받음
- 자신에게 영향을 미치는 일에 대해 발언할 수 있음
- 정보에 접근할 수 있음
- 다른 사람들과 자유롭게 어울릴 수 있음

『긍정적으로 아이 키우기』는 건강한 발달, 폭력으로부터의 보호, 그리고 배움에 참여할 수 있는 아이들의 권리에 기초를 둡니다. 이 책은 부모들이 어떻게 아이들의 인권을 존중하면서 훈육할 수 있는지 보여줄 것입니다.

차례

한국어판을 펴내며 꽃으로도 때리지 않고 키울 수 있길 • 4
이 책이 나오기까지 다시, 아동 인권을 생각하며 • 7

들어가는 말 유엔아동권리협약과 '긍정적으로 아이 키우기' • 12
일러두기 1 누구를 위한 책인가 • 16
일러두기 2 이 책의 구성 • 18

1장 장기적 목표 발견하기
양육에서의 단기 목표와 장기 목표 • 26

2장 따뜻함과 구조화 제공하기
따뜻함 제공하기 • 38 구조화 제공하기 • 43

3장 아이들이 어떻게 생각하고 느끼는지 고려하기
0~6개월 • 54 6~12개월 • 57 만 1~2세 • 59
만 2~3세 • 64 만 3~5세 • 68 만 5~9세 • 73
만 10~13세 • 95 만 14~18세 • 102

4장 문제 해결하기
0~6개월 • 118 6~12개월 • 122 만 1~2세 • 126
만 2~3세 • 132 만 3~5세 • 136 만 5~9세 • 144
만 10~13세 • 148 만 14~18세 • 150

5장 '긍정적으로 아이 키우기'로 대응하기

1단계 – 장기적 목표 기억하기 • 158

2단계 – 따뜻함과 구조화에 집중하기 • 160

3단계 – 아이가 어떻게 생각하고 느끼는지 고려하기 • 162

4단계 – 문제 해결하기 • 163

5단계 – '긍정적으로 아이 키우기'를 실행하기 • 164

0~6개월 • 165　6~12개월 • 171　만 1~2세 • 183

만 2~3세 • 204　만 3~5세 • 216　만 5~9세 • 239

만 10~13세 • 249　만 14~18세 • 265

참고　산후우울증 • 170　아기의 울음 • 176　부모의 기분 • 182

아이의 안전 • 189　부모의 화 • 196　화를 조절하는 방법 • 197

유아의 반항 • 203　아이의 공포 • 209　떼쓰는 것 • 215

때리는 것 • 221　아이의 전환과정 • 227　비난 • 233

아이의 화 • 254

나가는 말　실수에서 배우고 성장하기 • 302

유엔아동권리협약과 '긍정적으로 아이 키우기'

아이를 양육하는 일은 갓 태어난 인간을 어른이 될 때까지 이끌며, 그들이 행복하고 성공적인 삶을 사는 데 필요한 모든 것을 가르치는 대단한 일입니다. 즐거움과 보람, 행복감 등을 선사하지만 때로는 지치거나 좌절감을 맛보게 하는 긴 여정이지요.

아이를 키우며 부모들은 늘 어려운 시험에 맞닥뜨립니다. 부모라면 누구나 그 시험이 너무나도 엄청나게 느껴질 때가 있습니다. 대체 무엇을 해야 할지 모르겠고, 아이를 위한 그 어떤 행위도 적절치 않은 것처럼 느껴질 때도 있지요. 가끔은 다른 스트레스 때문에 아이 키우는 일이 버겁게 느껴지기도 합니다.

부모들은 대부분 양육을 시작하는 동시에 양육에 대해 배우게 됩니다. 아이들의 발달과정에 대해 아는 것이 별로 없기 때문에 본능이나 자신의 어린 시절 경험에 의존해 양육을 합니다. 하지만 대부분의 상황에서 부모들의 본능은 신중한 선택이기보다는 그저 감정적인 반응일 뿐입니다. 더욱이 어린 시절에 부정적이거나 폭력적인 경험을 했다면, 그 경험이 자녀 양육에 좋지 않은 영향을 미칠 수도 있습니다.

많은 부모들이 훈육이란 야단치고 때리는 것이라고 생각합니다. 그렇지 않은 일부 부모들도 훈육 과정에서 자기감정을 통제하지 못한 것을 후회하며 부모 역할에 무력감을 느끼기도 합니다.

이 책에서는 기존의 훈육 방법에서 벗어난 새로운 양육의 접근 방법 '긍정적으로 아이 키우기'를 소개하려 합니다. '훈육'이라는 말은 사실 '가르친다'라는 의미입니다. 가르친다는 것은 배움의 목표를 정하고, 효과적인 방법을 계획하고, 효과가 있는 해결책을 찾는 것을 말하지요.

유엔아동권리협약은 모든 아동이 물리적 체벌을 포함한 모든 형태의 폭력으로부터 보호받을 권리를 보장합니다. 이 협약은 아이들이 존중받을 권리, 자존감을 지킬 권리도 인정합니다.

'긍정적으로 아이 키우기'는 '배우는 이'로서의 아이를 존중하는 비폭력적인 양육법입니다. 아이들이 성공할 수 있도록 돕고, 아이들에게 필요한 정보를 제공하면서 그들의 성장을 지원하는 가르침의 방법을 터득할 수 있게 돕습니다.

"아이들은 모든 형태의 폭력으로부터 보호받을 권리가 있다."

_유엔아동권리협약 제19조

이 책의 내용은 수십 년간의 연구로 밝혀진 아이들의 발달과정과 효과적인 훈육 방법의 결과를 토대로 한 것입니다.

'긍정적으로 아이 키우기'는
아동발달원리를 기반으로
아동을 존중하면서
문제해결에 집중하는
비폭력적인
양육 접근법입니다.

'긍정적으로 아이 키우기'는 부모들이 아이 양육에 효과적인 토대를 만드는 데 도움이 될 것입니다. 양육의 다양한 상황에 적용할 수 있는 일련의 원칙들이지요. 어려운 상황에서뿐만 아니라 실제로 부모와 자녀 사이의 모든 관계에 적용할 수 있는 원칙입니다.

유엔아동권리협약은 부모가 자녀를 양육하는 과정에서 적절한 지원과 도움을 받을 권리가 있음을 인정합니다. 이 책은 어떻게 하면 부모가 폭력 없이 아이들을 훈육할 수 있는지, 구체적인 정보와 도움을 주기 위해 만들어졌습니다.

"부모는 자녀양육에 지원과 도움을 받을 권리가 있다."

_유엔아동권리협약 제18, 19조

'긍정적으로 아이 키우기'는
아동의 건강한 발달에 대한 지식,
효과적인 양육에 관한 연구의 성과
아동권리의 원칙을 종합한 결과물입니다.

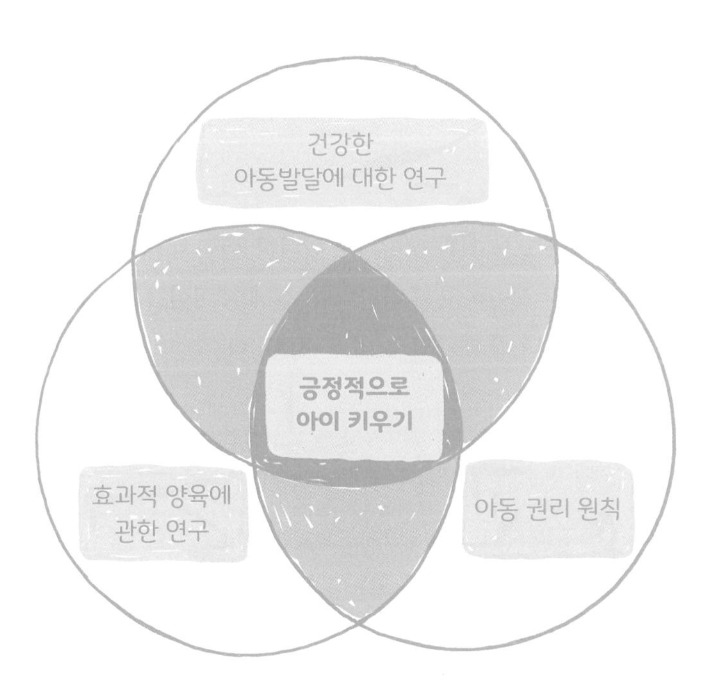

누구를 위한 책인가

이 책은 모든 부모와 모든 연령의 아이들을 위한 책입니다. 영유아기부터 청소년기가 끝날 때까지, 양육 과정에서 생길 수 있는 흔한 문제들을 다루고 있습니다. 이 책에 담긴 내용은 어떤 가족에게든 도움이 될 수 있습니다.

이 책은 예비 부모를 위한 것이기도 합니다. 아직 아이가 없어도 양육에 대해 미리 생각하고 준비한다면, 실제로 아이를 키우며 어려움에 처했을 때 더 잘 대처할 수 있을 것입니다.

어떤 아이들은
또래 연령대에 흔하지 않은 장애가 있기도 합니다.
자폐증일 수도 있고, 주의력결핍 장애,
태아 알코올 스펙트럼 장애, 발달지체,
또는 뇌손상 등의 어려움일 수도 있습니다.

만약 자녀의 행동 중 염려되는 부분이 있다면,
가능한 빨리 전문가에게 도움을 청하시기 바랍니다.
이 책이 도움이 될 수는 있지만, 특별한 경우에는
의사 등 전문가에게 추가적인 도움을 받길 권합니다.

부모교육 강사나 학부모 대상의 상담사, 그리고 가족복지를 담당하는 사회복지사들에게도 이 책은 도움이 될 것입니다. 개인 또는 그룹과 토론하고 문제를 해결하는 데 유용한 내용이 담겨 있습니다.

'긍정적으로 아이 키우기'에 대한 오해

'긍정적으로 아이 키우기'는 관대한 훈육이 아닙니다.

'긍정적으로 아이 키우기'는 자녀가 원하는
모든 것을 허용하는 것이 아닙니다.

'긍정적으로 아이 키우기'는 규칙, 제한 또는
기대치가 없는 것이 아닙니다.

'긍정적으로 아이 키우기'는 단기적인 반응이나
체벌에 대한 대체 훈육법이 아닙니다.

'긍정적으로 아이 키우기'는

자녀의 자제력을 길러줄 장기적 해결책에 관한 것입니다.

부모의 기대치, 규칙, 제한에 대한 명확한 의사소통법입니다.

자녀와 상호 존중하는 관계를 맺는 일입니다.

자녀가 평생 갖게 될 기술을 가르치는 일입니다.

자녀가 어려운 상황에 대처할 수 있는 능력과
자신감을 길러주는 일입니다.

자녀에게 예의, 비폭력, 이해심, 자기존중, 인권과
다른 이에 대한 존중을 가르치는 일입니다.

이 책의 구성

이 책은 단계별로 구성되어 있습니다. 각 단계는 전 단계를 기반으로 진행되기 때문에 책 전체를 읽고 단계마다 나오는 예제를 풀어보시는 것이 가장 도움이 될 것입니다.

'긍정적으로 아이 키우기' 기술을 학습하면서 우리(부모와 아이)는 모두 배우는 단계에 있음을 기억하시기 바랍니다. 최종적으로 성공하기까지 시도와 실패를 반복하겠지만 우리는 결국 성공에 다다를 것입니다.

양육은 목적지가 아니라 하나의 긴 여정입니다.
어떤 여정을 떠나든지, 우리는 준비가 되어 있어야 합니다.

이 여정을 성공적으로 마치기 위해 필요한 도구에 대해 생각해보겠습니다.

'긍정적으로 아이 키우기'는 양육에 접근하는 방법, 즉 '생각하는 방식'입니다.

'긍정적으로 아이 키우기'는 양육자가 지녀야 할 중요한 사고의 틀로서 훈육의 네 가지 기본 원리를 제안합니다.

장기 목표를 발견하고 그것에 집중하기, 따뜻함과 구조화를 제공하기, 아이들이 어떻게 생각하고 느끼는지 고려하기, 그리고 문제를 해결하기. 이 네 단계가 바로 '긍정적으로 아이 키우기'의 기본 원리입니다.

'긍정적으로 아이 키우기'의 구성요소

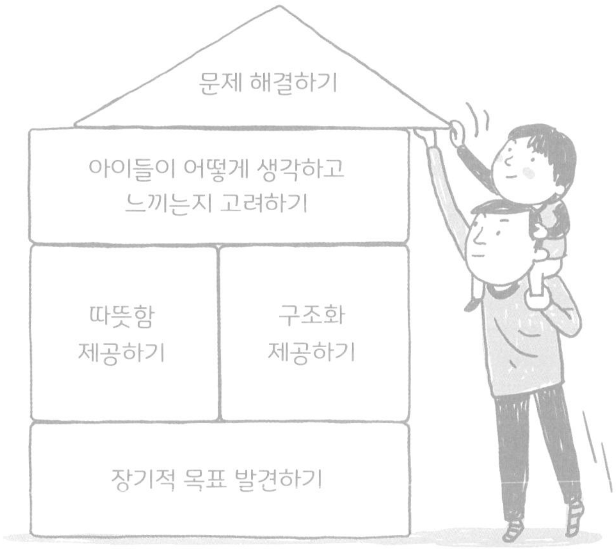

문제 해결하기

아이들이 어떻게 생각하고
느끼는지 고려하기

따뜻함
제공하기

구조화
제공하기

장기적 목표 발견하기

1장부터 4장까지는 이러한 원리에 대해 집중적으로 다룹니다. 그리고 5장에서는 '긍정적으로 아이 키우기' 접근법을 연습합니다.

1장 _ 단기적 양육 목표와 장기적 양육 목표의 차이점에 대해 설명합니다. 아이의 발달에 대한 부모의 목표를 생각하게 될 것입니다.

2장 _ 따뜻함과 구조화를 제공하는 것이 얼마나 중요한지를 다룹니다. 부모가 따뜻함과 구조화를 제공할 수 있는지, 어떻게 더 많이 제공할 수 있을지 생각하도록 돕습니다.

3장 _ 아동의 발달단계를 설명합니다. 아이들이 연령대에 따라 어떻게 생각하고 느끼는지, 또 어떻게 행동하며 그렇게 행동하는 이유가 무엇인지 설명합니다.

4장 _ 연령대별로 아이들이 보이는 대표적인 행동의 사례를 보여줍니다. 문제 해결 연습을 통해 아이들이 왜 이런 식으로 행동하는지 이해할 수 있을 것입니다.

5장 _ 지금까지 나온 모든 정보를 종합하여 4장에서 설명한 행동에 대해 이제까지와는 다른 방식으로 대응하는 것이 얼마나 효과적인지를 평가합니다. 이 장에서는 '긍정적으로 아이 키우기' 접근법을 연습하면서 왜 그것이 효과적인지 더 깊게 이해할 수 있게 될 것입니다.

이 책을 통해 습득한 기술을 천천히 실행해보길 권합니다. 중요한 것은 실행에 옮기기 전에 '긍정적으로 아이 키우기'의 원리를 충분히 이해하는 것입니다. 자녀와 소통하면서 부모로서 장기적인 목표를 생각하고, 어떻게 하면 자녀에게 따뜻함과 구조화를 제공할 수 있을지, 자녀가 왜 이렇게 행동하는지 생각해보시기 바랍니다.

그런 과정을 거치고 나면 당신의 사고방식이 조금씩 변하기 시작할 것이며, 실제 생활에서 양육기술 또한 개선되어 있음을 알 수 있을 것입니다.

'긍정적으로 아이 키우기'의 구성 요소들은 자녀들의 어린 시절에만 중요한 것이 아닙니다. 발달과정 내내 필요한 필수적인 요소이지요. 자녀가 스무 살이 되더라도 이 원리를 적용해 스스로 어떤 결정을 하고, 문제를 해결하며, 갈등을 풀어나갈 방법을 찾는 데 도움을 줄 수 있을 것입니다.

아이들 연령 표기에 대해

이 책이 전 세계적으로 사용되고 있기 때문에 연령 표기법은 한국의 연령 계산 방식이 아닌 국제적 기준에 따랐음을 밝힙니다. 아이가 태어난 시기를 0세로 보고, 태어난 지 12개월이 지난 후부터 1세로 보는 연령 계산법을 사용했습니다. _세이브더칠드런 코리아

1장

장기적 목표 발견하기

아기가 태어나서 성인이 되기까지, 아이를 키우는 일은 부모가 맡은 가장 중요한 역할 중 하나입니다. 그런데 많은 부모들은 이 여정이 어디서 끝날지 생각하지 않은 채 이 일을 시작합니다.

1장에서는 당신의 양육 목표에 대해 생각해볼 것입니다. 이 양육 목표는 긍정적으로 아이를 양육하는 기술을 쌓아가는 기반이 될 것입니다.

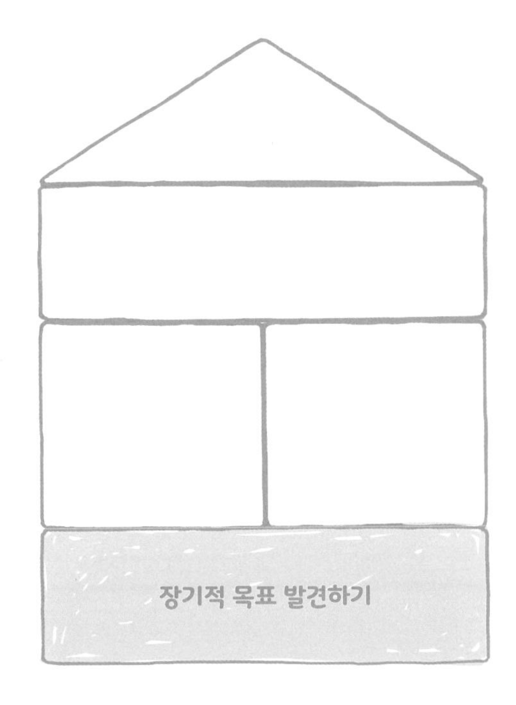

양육에서의 단기 목표와 장기 목표

상상해보세요.

집에서 맞이하는 평범한 아침입니다. 아이는 지금 학교 갈 준비를 하고 있고, 시간은 늦어지고 있습니다.

아이가 오늘 아침에 무엇을 하길 원하십니까?

다시 말하면, 오늘 아침 아이를 양육하는 일에서 당신의 **목표**는 무엇입니까?

양육 목표 ①

오늘 아침 집을 나서기 전에 아이가 해내기를 바라는 5가지를 적어보세요.

1.

2.

3.

4.

5.

자, 이제 당신이 적은 목표들에 대해 생각해보겠습니다. 아이의 목표에 다음 내용이 포함되어 있습니까?

옷 빨리 입기
밥 빨리 먹기
당신의 말을 잘 듣기
당신이 지시한 것을 바로 실행하기

이런 것들은 **단기적 목표**입니다. 지금 당장 달성하기 원하는 목표이지요. 예를 들어, 당신은 아이가 이런 행동들을 하길 원할 것입니다.

지금 신발 신기
지금 큰길에서 벗어나기
지금 집으로 오기
지금 동생 때리는 것을 멈추기

부모의 하루는 이러한 단기적 목표를 달성할 방법을 찾는 일로 가득 차 있습니다. 이것이 양육의 현실입니다. 사실 우리는 우리가 진짜 달성하고 싶은 것이 무엇인지에 대해 망각합니다.

양육 목표 ②

아이가 스무 살이 되었을 때 어떤 성향을 갖기를 바라시나요? 다섯 가지를 적어보세요.

1.

2.

3.

4.

5.

상상해보세요.

당신의 자녀는 이제 어른이 됩니다. 스무 번째 생일이 다가옵니다. 눈을 감고 스무 살의 아이가 어떤 모습일지 상상해보세요. 당신은 스무 살이 된 아이가 어떤 사람이기를 바라시나요? 그리고 이때 아이와 어떤 관계이기를 바라시나요?
이제 당신이 적은 목표에 대해 생각해봅시다.

혹시 다음과 같은 내용이었나요?

문제 해결을 잘하는
의사소통을 잘하는
당신과 좋은 관계를 유지하는
당신이 나이 들었을 때 당신을 돌봐주는
다른 이와 공감하고 다른 이를 존중하는
올바른 것과 잘못된 것을 아는
책임을 질 줄 아는
정직함과 진실성이 있는
가족과 친구에 충실한
배우자에게 헌신하는
자신감 있는
어려운 도전을 최선을 다해 이루려는
자주적으로 생각할 수 있는

장기적 목표는 부모들이 아이가 성인이 되었을 때 이루었으면 하는 목표입니다. 예를 들어, 당신은 자녀가 이런 사람으로 자라기를 바랄 수도 있습니다.

친절하고 남에게 도움이 되는 사람
배려심이 있고 예의 바른 사람
의사결정을 현명하게 하는 사람
정직하고 믿음직한 사람
비폭력적인 사람
당신을 보살피는 사람
애정 어린 부모

장기적 목표를 달성하기까지는 대부분 오랜 시간이 걸립니다. 하지만 이러한 장기적 목표를 발견하는 것이 바로 양육의 핵심입니다.

양육에서 부모의 장기적 목표는
아이가 성인이 되었을 때
달성하기를 원하는 목표입니다.

양육의 큰 고충 중 한 가지는 단기적 목표를 달성하면서 동시에 장기적 목표도 달성해야 한다는 사실입니다. 왜냐면 대개 그 두 목표 사이에서 충돌이 일어나기 때문입니다.

아이가 등교 준비를 하는 상황을 예를 들어봅니다. 이미 시간은 늦었습니다. 아이는 밥도 먹어야 하고, 옷 입고 양치질하고 나서 얼른 집에서 출발해야 합니다. 당신이 원하는 것은 단지 아이가 제시간에 학교에 도착하는 것입니다.

당신은 이미 스트레스를 받고 있겠지요. 아이는 행동이 느리고 다른 것에 정신이 팔려 있습니다. 점점 답답해진 당신은 아이에게 빨리 준비하라고 소리를 지르거나 혹은 아이를 때릴지도 모릅니다.

이 순간에 당신은 아이를 당장 집에서 출발시키려는 단기적 목표에 집중하고 있습니다.

그렇다면 당신의 장기적 목표는 어떻습니까?

아이에게 소리를 칠 때, 당신은 아이에게 정중하게 행동하는 법을 가르치고 있나요? 아이를 때릴 때, 당신은 아이에게 문제해결을 어떻게 하는지 가르치고 있나요?

단기적인 상황에서 부모가 어떻게 행동하는지는 아이들에게 본보기가 됩니다. 아이들은 어떻게 스트레스에 대처할지, 부모의 행동을 보고 배웁니다. 스트레스를 받을 때 만약 부모가 소리 지르고 때리면 아이들도 그 행동을 배울 것입니다.

단기적 불만에 대처하는 부모들의 이러한 행동 방식은 장기적 목표로 가는 길을 가로막게 됩니다. 소리 지르고 때리는 것은 결국 아이가 장기적으로 배우길 바라는 것과 반대되는 상황을 아이에게 가르칠 뿐입니다.

이렇게 행동할 때마다 당신은 아이에게 더 좋은 방법을 보여줄 수 있는 기회를 잃게 되는 것입니다.

어떻게 하면 우리가 단기적 목표와 장기적 목표 **두 가지를 모두** 달성할 수 있을까요? 효과적인 훈육의 열쇠는 단기적 어려움을 장기적 목표를 이루기 위한 기회로 삼는 것입니다.

당신이 아이에게 불만을 느끼기 시작한다면 이것은 아이에게 중요한 무언가를, 이를테면 지금 당장 신발을 신는 것보다 훨씬 중요한 것을 가르칠 수 있는 기회가 왔다는 신호입니다.
당신은 아이에게 다음과 같은 것을 가르칠 수 있을 것입니다.

스트레스에 대처하기
정중하게 대화하기
폭력을 쓰지 않고 갈등 해결하기
다른 이의 감정을 헤아리기
다른 사람의 신체와 감정을 해치지 않고 목표를 달성하기

아이에게 불만이 생길 때마다 당신은 아이에게 본보기가 될 기회를 얻는 것입니다. 불만을 잘 다스림으로써, 당신은 아이에게 어떻게 불만을 다스려야 하는지를 보여주게 됩니다.

'긍정적으로 아이 키우기'를 실천함으로써 바로 이런 일들이 가능해집니다.

2장

따뜻함과 구조화 제공하기

당신이 긍정적으로 아이를 양육하는 방법을 실천하는 데 장기 목표는 중요한 토대가 됩니다. 이 토대를 다지기 위해서는 따뜻함과 구조화라는 두 가지 도구가 필요합니다.

2장에서는 따뜻함과 구조화가 무엇이고 그것이 왜 중요한지 알아보겠습니다. 당신의 장기 목표에 다가갈 수 있는 길이 되는, 아이에게 따뜻함과 구조화를 제공할 수 있는 방법에 대해 생각해봅니다.

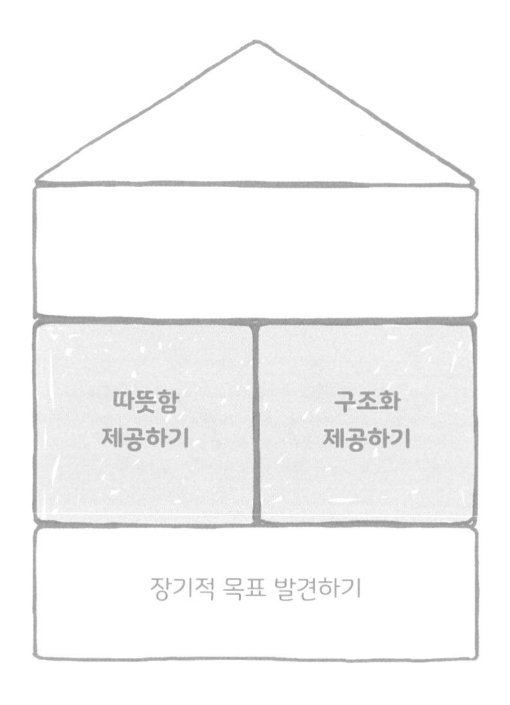

따뜻함 제공하기

따뜻함이란 무엇일까요?

감정적 안도감

무조건적인 사랑

언어적, 신체적 애정

아이의 발달과정에 대한 존중

아이의 요구에 대한 세심한 관심

아이의 감정에 대한 공감

따뜻한 가정환경에서 자라는 아이들은 부모를 기쁘게 해주고 싶어 합니다.

따뜻함은 단기적 협력을 장려하면서 동시에 장기적 가치를 가르칩니다.

다음은 부모가 아이들이 따뜻함을 느끼게 해줄 수 있는 몇 가지 방법입니다.

"사랑해"라고 말해주기
잘못을 했을 때도 사랑받고 있다는 것을 보여주기
책 읽어주기
안아주기
무서워하거나 상처받았을 때 보듬어주기
이야기 들어주기
아이의 눈높이에서 보기
칭찬해주기
같이 놀아주기
같이 웃기
어려움에 처했을 때 도와주기
어려운 일을 해야 할 때 격려해주기
아이에게 믿는다고 말해주기
아이들의 노력과 성공을 알아주기
아이들을 믿는다는 것을 보여주기
함께 즐거운 시간 보내기

따뜻함은 왜 중요할까요?

훈육에서 따뜻함이 왜 중요한지 이해하기 위해 당신이 새로운 언어를 배우기 시작한다고 상상해보세요.

1. 어떤 상황에서 더 잘 배울 것 같습니까?

☐ a) 선생님이 내가 잘하고 있는 것을 말해줄 때

☐ b) 못하는 것만 지적할 때

2. 어떤 감정을 느낄 때 더 잘 배울 것 같습니까?

☐ a) 선생님과 있으면 안전하다고 느낄 때

☐ b) 실수를 하면 선생님이 혼낼까봐 겁먹었을 때

3. 어떤 상황에서 더 잘 배울 것 같습니까?

☐ a) 많은 실수를 하더라도 선생님이 함께하며 도와줄 거라 생각될 때

☐ b) 실수하면 선생님이 화를 내며 교실에서 나가버릴 거라 생각될 때

4. 어떤 선생님과 시간을 보내고 싶습니까?

☐ a) 친절하고 이해심 많은 선생님

☐ b) 나를 당황스럽게 하고 비난하는 선생님

5. 어떤 상황에서 다른 언어를 배우고 싶어 하겠습니까?

☐ a) 선생님이 내게 잘할 수 있다고 말해줄 때

☐ b) 선생님이 내게 멍청하다고 말할 때

6. 문제 상황에 처했을 때 어떤 선생님께 말씀드리겠습니까?

☐ a) 이야기를 듣고 도와줄 선생님

☐ b) 화를 내고 벌을 줄 선생님

따뜻함 주기

아이에게 따뜻함을 줄 수 있는 방법 다섯 가지를 작성해보세요.

1.

2.

3.

4.

5.

작성한 방법 중에 어떤 방법이 아이에게

감정적인 안도감을 줄 수 있다고 생각하나요?

☐ ☐ ☐ ☐ ☐

무조건적인 사랑의 느낌을 줄 수 있다고 생각하나요?

☐ ☐ ☐ ☐ ☐

언어적, 신체적 애정을 보여준다고 생각하나요?

☐ ☐ ☐ ☐ ☐

아이의 발달과정에 대한 존중을 보여준다고 생각하나요?

☐ ☐ ☐ ☐ ☐

아이의 요구에 대한 세심함을 보여준다고 생각하나요?

☐ ☐ ☐ ☐ ☐

아이의 감정에 공감한다는 것을 보여준다고 생각하나요?

☐ ☐ ☐ ☐ ☐

구조화 제공하기

구조화란 무엇일까요?

행동에 대한 명확한 가이드라인
기대하는 바에 대한 명확한 설명
이유에 대한 명확한 설명
아이가 목표를 달성하는 데 도움이 될 지지
아이의 자주적인 생각에 대한 격려
협의

구조화는 아이들이 무엇이 중요한지를 배우는 데 도움을 줍니다.

구조화는 아이 스스로 실수를 이해하고 그것을 고치기 위해 무엇을 할 수 있는지 이해할 수 있게 도와줍니다.

구조화는 아이에게 다음번 성공을 위해 필요한 정보를 줍니다.

구조화는 부모가 없을 때 아이 스스로 문제를 해결할 수 있도록 도구를 제공합니다.

구조화는 다른 사람과 의견이 다를 때 생산적이고 비폭력적인 방법으로 문제를 해결할 수 있도록 도와줍니다.

다음은 아이들에게 구조화를 제공할 수 있는 몇 가지 방법입니다.

어려운 상황에 처했을 때 무엇을 예상하고 어떻게 이겨내야 할지 준비할 수 있게 도와주기

규칙의 이유를 설명해주고, 규칙에 대해 함께 이야기해보고 아이들의 입장을 들어주기

실수를 바로잡을 수 있는 좋은 방법을 찾도록 도와주기

공평하고 융통성 있게 행동하기

분노 조절하기

부모의 입장을 설명해주고 아이의 입장에 귀 기울이기

아이의 행동이 다른 사람에게 미치는 영향에 대해 가르쳐주기

올바른 결정을 할 수 있도록 필요한 정보를 제공하기

자주 대화 나누기

때리거나 사랑받지 못한다고 느낄 수 있는 말과 행동, 아이들이 두려워하는 것들로 겁을 주거나 협박하지 않기

긍정적이며 모범적인 안내자가 되어주기

구조화는 왜 중요할까요?

훈육에서 구조화가 왜 중요한지 이해하기 위해 다시 한번 당신이 새로운 언어를 배우기 시작한다고 상상해보세요.

1. 어떤 상황에서 더 잘 배울 것 같습니까?

- ☐ a) 선생님이 새로운 단어 쓰는 법을 보여주고, 철자법을 가르쳐줄 때
- ☐ b) 단어 쓰는 법을 스스로 알아내라고 하고, 실수하면 벌을 줄 때

2. 어떤 상황에서 더 많이 배울 것 같습니까?

- ☐ a) 완벽하지 못해도 선생님이 노력을 알아주고 인정해줄 때
- ☐ b) 실수하면 벌을 줄 거라 협박할 때

3. 어떤 상황에서 더 잘 배울 것 같습니까?

- ☐ a) 시험을 잘 보기 위해 필요한 정보를 제공해줄 때
- ☐ b) 잘 가르쳐주지도 않으면서 시험을 못 보면 화를 낼 때

4. 어떤 선생님과 시간을 보내고 싶습니까?

- ☐ a) 실수에 대해 같이 이야기하고 다음번에 어떻게 하면 더 잘할 수 있는지 알려주는 선생님
- ☐ b) 실수할 때 때리는 선생님

5. 어떤 상황에서 다른 언어를 배우고 싶어 할까요?

- ☐ a) 선생님이 조언을 하며 도전해보라는 격려를 해줄 때
- ☐ b) 절대 배우지 못할 거라고 이야기할 때

6. 문제에 처했을 때 어떤 선생님께 말씀드리고 싶을까요?

- ☐ a) 왜 어려움을 겪는지 이해하려 하고, 새로운 방법을 찾을 수 있게 도와주는 선생님
- ☐ b) 화를 내고 벌을 주는 선생님

구조화 제공하기

아이에게 구조화를 제공할 수 있는 방법 다섯 가지를 작성해보세요.

1.

2.

3.

4.

5.

작성한 방법 중에 어떤 방법이 아이에게

행동에 대한 명확한 가이드라인을 제공하나요?

□ □ □ □ □

당신의 기대치를 명확히 표현하나요?

□ □ □ □ □

이유를 충분히 설명하나요?

□ □ □ □ □

성공할 수 있도록 도와주나요?

□ □ □ □ □

아이의 자주적인 생각을 격려하나요?

□ □ □ □ □

아이와 협의하나요?

□ □ □ □ □

'긍정적으로 아이 키우기'는 아이의 영유아기부터 청소년이 되기까지의 발달 기간 동안 따뜻함과 구조화를 함께 제공하는 훈육 방법입니다.

'긍정적으로 아이 키우기'는 부모가 단기적 그리고 장기적 목표를 달성할 수 있도록 생각의 틀을 제공하는 훈육법입니다.

'긍정적으로 아이 키우기'는 아이들이

문제를 해결하고
스스로 생각하고
다른 이들과 잘 어울리고
비폭력적인 방식으로 갈등을 해결하고
부모가 없을 때도 옳은 행동을 하도록 가르쳐주는 훈육법입니다.

'긍정적으로 아이 키우기'란, 아이들은 부모인 우리가 아이에게 무엇을 기대하는지 모르고 태어난다는 생각에 기반을 둡니다.

아이들은 배우는 사람입니다. 아이들은 도움과 정보가 있을 때 가장 잘 배웁니다. 아이들에게는 연령대에 따라 각기 다른 방식의 도움과 정보가 필요합니다.

따뜻함 = 도움
구조화 = 정보

다음 장에서는 아이들의 발달과정에 대해 설명합니다. 이는 아이들 각각의 연령대에 필요한 따뜻함과 구조화에 대해 생각해보는 데 도움이 될 것입니다.

3장

아이들이 어떻게 생각하고 느끼는지 고려하기

'긍정적으로 아이 키우기'의 세 번째 요소는 아이들이 어떻게 생각하고 느끼는지 고려하는 것입니다. 우리가 아이의 눈으로 세상을 바라본다면, 아이들의 행동을 좀 더 잘 이해하며 더 효과적인 방법으로 가르치고 이끌 수 있을 것입니다.

3장에서는 아이들의 발달단계에 따라 적절한 방법으로 따뜻함과 구조화를 제공하여 당신의 양육 목표를 이룰 수 있는 방법을 배우게 될 것입니다.

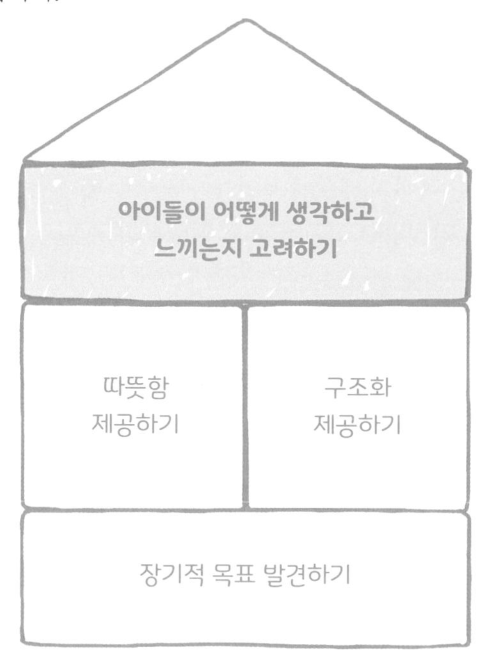

0~6개월

갓 태어난 아기에게 이 세상은 새로운 곳입니다.

아기들은 주변에서 일어나는 일을 잘 이해하지 못하며 쉽게 겁을 먹습니다. 자신이 안전하고 보호받고 있음을 느낄 때 비로소 안정감을 느낍니다. 이 시기에는 부모가 아기에게 따뜻함을 충분히 주는 것이 매우 중요합니다.

이 단계에서 구조화는 필요하지 않습니다. 아기들은 아직 규칙이나 설명을 이해하지 못하기 때문이죠. 이 시기의 아기들은 자기 욕구가 충족되는 경험을 충분히 할 필요가 있습니다.

아기들은 말을 못하기 때문에 무언가가 필요할 때 울음으로 표현합니다. 그러나 상대방이 자신의 울음소리에 귀 기울이고 응답할 사람인가는 재빠르게 알아챕니다.

이 단계에서 부모가 해야 하는 가장 중요한 것은 아기의 신호에 응답하며 아기가 필요한 것이 무엇인지 최선을 다해 알아내려고 하는 노력입니다.

가장 필요한 것은 안아주고, 얼러주고, 반응해주는 것이지요. 아기를 안아주는 것은 아기와의 관계 형성에 매우 중요합니다. 아기가 당신과 함께 있으면서 충분한 안정감을 느껴야 이후 뭔가 새로운 것을 배울 때에도 겁먹지 않을 것입니다.

아기를 안아주는 것은 아기의 뇌 발달에도 중요합니다. 안아주고 얼러주는 것은 뇌에 영양소를 공급하는 음식과도 같아서, 뇌세포를 서로 연결해줍니다.

어린 아기들은 자신의 감정을 이해하지 못합니다. 마찬가지로 아기들은 당신의 기분도 알 수 없습니다. 아기들은 일부러 당신을 화나게 하려고 우는 것이 결코 아닙니다. 아기들은 '화가 난다'는 게 무엇인지조차 모릅니다! 자기가 왜 우는지조차 모르죠! 가끔 자신의 울음소리에 겁을 먹기도 합니다.

아기들이 우는 것은 지극히 정상적인 일임을 기억하시기 바랍니다. 부모가 달래는데도 계속 우는 것 또한 정상입니다. 그리고 오랜 시간, 특히 저녁에 우는 것도 정상입니다.

이 단계에서 부모가 해줄 수 있는 가장 중요한 것은 아기에게 안전하다는 것을 확인시켜 주는 일입니다. 아기가 당신과 함께 있으면서 안전하다고 느낄 때, 당신과 강한 **애착**관계를 맺게 됩니다. 이는 아기와 당신 사이의 관계에 토대가 될 것입니다.

이 시기에 아기들은 근육을 사용하는 법을 익히게 됩니다. 아기들은 물건을 쥐고 씹는 법을 배우며, 손에 잡히는 모든 것을 입으로 가져갑니다. 물건을 잡고 입에 넣어 씹는 행동은 아기의 근육을 발달시킵니다. 아기는 물건을 잡으면서 손과 손가락 쓰는 법을 익힙니다. 무언가를 오물오물 씹는 것은 이후에 단단한 음식을 먹거나 말을 하는 데 필요한 구강의 근육을 기르는 과정입니다.

아기가 당신의 장신구를 집어서 입안으로 집어넣을 때, 아기는 '문제'를 일으키려는 것이 아니라 그저 본능적으로 행동하는 것입니다. 아기는 그 물건이 무엇인지 알아내기 위해 자기가 할 수 있는 유일한 방법을 쓰는 것뿐입니다. 그리고 매우 중요한 근육을 기르는 중입니다.

아기가 입안에 물건을 넣을 때 부모가 해야 할 일은 아기를 다치게 할 물건을 없애는 것입니다. 아기들이 알약 같은 작은 물건을 입안에 넣게 되면 질식할 수도 있고, 먼지를 삼키면 병이 날 수도 있습니다. 아기가 만지거나 씹었을 때 위험한 모든 것을 주변에서 없애는 일은 매우 중요합니다.

아기들은 위험하다는 것을 인지하지 못한다는 사실을 기억하시기 바랍니다. 가장 좋은 방법은 안전한 환경을 만드는 것입니다. 아기가 말을 하고 상황을 이해할 수 있게 되면, 그때 위험에 대해 알려줄 수 있습니다.

이 시기의 아기들은 대부분 덜 울고 더 많이 웃습니다.

아기가 우는 까닭은 당신이 곁에 없는 걸 알고 무서워서일 수도 있습니다. 이 시기의 아기는 부모가 방에서 나간 것은 알아챌 수 있으나, 다시 돌아온다는 것은 아직 이해하지 못합니다. 부모가 돌아오지 않는다는 것은 아기에게 매우 무서운 일이 될 수 있습니다. 눈앞이 캄캄해질 수도 있는 상황인 거지요.

이 단계에서 가장 중요한 일 중 하나는 아기에게 신뢰감을 주는 것입니다. 아기는 부모가 항상 가까이 있다는 사실을 알아야 합니다.

이 시기에 아기들은 이가 나느라 아파서 울 수도 있습니다. 이가 날 때는 무척 아프지만, 아기들은 그 아픔을 말로 표현할 수 없습니다. 이 시기의 아기가 울 만한 또 한 가지 이유는 몸이 아프기 때문입니다. 말을 할 수 없기 때문에 열이 나거나 두통이 있거나 배가 아프거나 할 때, 그냥 우는 수밖에 없습니다.

아기들이 우는 또 다른 이유는 아기의 뇌가 '조직적으로' 바뀌고 있기 때문입니다. 아기가 매일 밤 같은 시각에 우는 것은 정상입니다. 이것은 아기의 신체와 뇌가 규칙적인 리듬에 따르고 있다는 증거입니다. 우는 것은 이 리듬의 일부인 것입니다.

그러나 정작 아기는 자신에게 무슨 일이 일어나고 있는지 모릅니다. 아기에게 당신이 가까이에 있다는 것을 보여줌으로써 울음으로 표현되는 감정을 이겨낼 수 있도록 안정감을 주어야 합니다.

이 시기에 일어나는 가장 신나는 일 중 하나는 아기가 말을 하기 시작한다는 점입니다. 처음엔 옹알이로 시작해서 그다음에는 '바', '다', '마' 같은 소리를 내기도 합니다.

아기는 본인의 옹알이에 반응하는 부모에게서 모국어를 배웁니다. 아기가 '바'라고 말하면, 아기에게 '바 바 바'라고 응답하면 됩니다. 아기의 옹알이에 대꾸를 해주면, 아기는 '바'가 중요한 소리라는 것을 알게 되고 이 소리를 연습하게 됩니다. 그리고 이 소리는 하나의 단어로 발전할 것입니다.

또한 아기는 자신이 소리를 내면, 당신이 듣고 답해준다는 것도 알게 됩니다. 아기의 옹알이와 첫 단어에 답을 해주는 것은 아기와의 관계에 가장 중요한 구성요소 중 하나를 만들어줍니다. 이것이 바로 **의사소통**입니다.

부모는 이런 초기 단계에서 아기가 감정을 표현하는 법을 도와줄 수 있습니다. 그리고 부모가 아기의 말을 들으며, 부모와 소통하려는 아기의 노력을 존중한다는 것을 보여줄 수 있습니다.

놀라운 변화의 시기입니다!

이 단계에서 아이는 걷기 시작할 것이고, '말문'이 트일 것입니다! 아이가 걷기 시작하면 모든 것이 달라집니다. 이제 아이는 어디든 원하는 곳에 갈 수 있습니다. 그리고 손이 닿지 않던 곳에 손이 닿습니다. 아이는 이 새로운 자주성에 신이 나서, 집 안 구석구석을 탐험하는 것을 너무나 좋아하지요. 그리고 모든 것을 만지고 맛보는 것을 매우 흥미로워 합니다.

이러한 탐험은 아이에게 새로운 발견을 향한 여정입니다. 이런 과정을 통해서 아이는 흥미로운 세상에 대해 배웁니다. 모든 아이들은 눈에 보이는 모든 것을 만져보고 맛보며 구석구석 탐험을 합니다.

이 시기의 아이는 과학자나 다름없습니다. 어떤 물건이 소리를 만들고, 어떤 것들이 무너지고, 어떤 것들이 뜨는지 실험할 것입니다. 이러한 실험들은 세상의 물체에 대해 가르쳐줍니다.

예를 들어, 아이는 장난감을 떨어뜨리고 또 떨어뜨리는 동작을 반복할 것입니다. 이때 아이는 당신을 귀찮게 하려는 것이 아니라 '떨어진다'는 것을 이해하기 위해 이런 행동을 하는 것입니다. 음식의 질감을 알아보기 위해 손으로 음식을 만지고, 음식을 뱉어서 그 느낌이 어떤지 만져볼 것입니다. 장난감의 맛을 알아보기 위해 장난감을 입에 넣어보기도 하겠지요.

이러한 행동 중 어떤 것도 나쁜 행동이 아닙니다. 이 시기의 아이가 해야 할 일은 아이를 둘러싼 세상을 발견하는 것입니다. 이때 아이는 탐험가인 것입니다.

이 시기에 부모가 해야 할 일은 아이가 탐험하는 세상을 안전한 곳으로 만들어주는 것입니다. 아이가 안전하게 탐험을 할 수 있다면, 많은 것을 빨리 배울 수 있습니다. 세상이 안전한 곳이라는 것도 배우게 됩니다.

이러한 탐험을 통해 아이는 놀라울 정도로 많은 새로운 단어를 빨리 배웁니다. 아마 눈앞에 보이는 모든 것의 이름을 알고 싶어 할 테지요. 이때가 바로 아이에게 새로운 단어와 말하는 즐거움을 가르칠 수 있는 좋은 시기입니다.

아이와 대화를 나누고
책을 읽어주고
이야기를 들어주고
질문에 대답을 해주는 것은
매우 중요합니다.

이 시기에 부모가 해야 할 일은 아이의 **자주성**을 길러주는 것입니다. 부모가 아이의 자립 욕구를 존중하고, 배우고 싶어 하는 욕구를 지지한다는 것을 아이는 확인하고 싶어 합니다.

아이의 자주성은 부모와의 마찰로 이어질 수도 있습니다. 이 시기의 아이들은 "싫어!"라고 말하기 시작합니다. "싫어!"라고 말할 때, 아이들은 반항하려는 것이 아니라, 그저 자신이 어떻게 느끼는지 부모에게 말해주려는 것뿐입니다.

아이가 물건의 이름은 많이 알 수도 있지만 감정을 나타내는 단어들은 아직 잘 모릅니다. 그 때문에 감정을 표현하는 것은 아이들에게 매우 어려운 일입니다. 아이가 "싫어!"라고 할 때, 사실은 이 말을 하려는 건지도 모릅니다.

"그건 마음에 안 들어요."
"나가기 싫어요."
"그거 주세요."
"내 옷은 내가 고르고 싶어요."
"나는 뭔가 불만이 있어요."

또한, 아이들은 상대방이 느끼는 감정도 잘 이해하지 못합니다. 자기 감정도 모르는데 다른 이의 감정은 당연히 모르겠지요.

부모가 피곤해서 조용히 있고 싶을 때, 아이는 부모의 감정이나 지금 부모에게 필요한 것이 무엇인지 이해하지 못합니다. 아이가 시끄럽게 떠드는 것은 말을 듣기 싫어서가 아니라 단지 상대의 기분을 이해하지 못하기 때문입니다.

당신은 마음이 급한데 옷을 갈아입지 않으려고 하는 아이는 당신을 지각하게 만들려고 그러는 것이 아닙니다. 아이는 단지 자신이 뭔가를 열심히 하고 있는 지금 이 순간에 외출을 해야 하는 이유를 이해하지 못하기 때문입니다.

비가 내리고 있어서 아이에게 비옷을 입히려 할 때 아이가 "싫어!"라고 말하는 것은 당신에게 반항하는 것이 아닙니다. 비에 몸이 젖는 것이 어떤 느낌인지 알지 못하기 때문입니다. 아니면 아이는 자신이 입을 옷을 직접 고르고 싶어서 그러는 것일 수도 있습니다.

어린아이들은 일상에서 불만과 좌절감을 많이 경험합니다. 아이들은 독립적이고 싶어 하지만, 우리는 항상 아이들이 원하는 것을 하게 허락할 수 없습니다.

아이들은 "싫어!"를 자주 말할 뿐만 아니라, "하지 마!"라는 말을 많이 듣기도 합니다. 어린아이들은 어른들한테서 "하지 마!"를 너무 자주 듣기 때문에 불만이 많아지기 쉽습니다. 아이들은 우리가 자기를 안전하게 보호하고 중요한 규칙을 가르치려는 의도가 있다는 것을 이해하지 못합니다. 아이들은 그저 "안 돼!"라는 말을 듣는 데 불만을 느낄 뿐입니다.

그 결과 아이들은 떼를 쓰기도 합니다. 아이들은 불만이 쌓이면서도 그것을 어떻게 풀어내야 할지 모릅니다. 아이들의 언어는 아직 감정을 표현할 정도로 발달하지 않았기 때문입니다. 그렇기 때문에 아이들은 눈물을 흘리고, 소리를 지르고, 바닥에 데굴데굴 구르면서 슬픔이나 좌절, 불만 같은 자신의 감정을 표현합니다.

많은 부모들이 이런 경험이 있을 것입니다. 그래서 아이들이 "싫어!"라고 말하는 순간 아이들의 의도를 이해하지 못하다 보니 부모들은 신경이 날카로워지거나 스트레스가 쌓여 결국에는 아이에게 화를 내거나 짜증을 내게 됩니다.

하지만 이런 상황에서 부모는 아이들에게 불만감을 조절하고 도움이 되는 방식으로 감정을 표현하는 법 등 중요한 것들을 가르쳐줄 필요가 있습니다.

갈등을 해결하는 법은 아이의 발달과정에서 매우 중요한 요소이며, 이를 가르치는 일은 평생 동안 지속될 중요한 기술을 가르치는 일이 될 것입니다. 또 이러한 가르침은 아이와 부모의 관계를 더 돈독하게 만들어줄 것입니다.

만 2~3세

이 시기 동안, 아이의 행동에 변화가 나타나 당신이 걱정하게 될 수도 있지만, 이러한 변화는 사실 주변 환경에 대한 아이의 이해가 넓어지고 있다는 신호입니다. 보통 이런 변화는 '**두려움**'이라는 형태로 나타납니다.

아이는 갑자기 어둠을 무서워할지도 모릅니다. 혹은 동물이나 낯선 소리, 또는 그림자를 무서워할지도 모릅니다. 아니면 당신이 아이 곁을 떠날 때 울지도 모릅니다.

보통 부모들은 이런 변화에 대해 걱정을 합니다. 아이들이 성숙하지 못한 행동을 한다고 생각하기도 합니다. 하지만 이런 변화들은 사실 아이가 성숙해지고 있다는 신호입니다.

아이가 위험에 대해 더 이해할수록 다치는 것에 대한 두려움을 알게 됩니다. 아이의 상상력이 발달하고, 눈에 보이지 않는 것들에 대해 생각할 수 있을 때, 괴물이나 귀신을 무서워하기 시작합니다.

이것은 아이에게 매우 두려운 시간일 수도 있습니다. 아이는 아직 상상 속의 일과 현실을 구분할 수 있을 정도의 경험이 없습니다. 그래서 눈으로 보이는 것이 실제로 존재한다고 믿게 됩니다.

아이는 갑자기 마스크나 책 속의 그림, 만화 주인공 혹은 무섭게 생긴 장난감을 무서워하게 될지도 모릅니다. 이것은 아이가 위험에 대해서 알게 되었지만 그중 몇몇은 진짜가 아니라는 것은 아직 모르기 때문에 일어나는 일입니다.

아이의 마음속에서는 모든 것이 살아 있습니다. 만약 당신이 무서운 가면을 쓴다면 아이는 당신이 괴물이 되었다고 생각합니다. 만약 아이가 침대 밑에 무서운 괴물이 있다고 상상하면, 그것이 진짜라고 믿습니다.

아이는 당신이 곁을 떠나면 겁을 먹을 수도 있습니다. 그것은 아이가 위험에 대해서는 이해하지만 당신이 언제든지 다시 돌아온다는 것을 아직 이해하지 못하기 때문입니다. 아이가 혼자 있거나 낯선 사람들 사이에 있게 되면 매우 겁을 먹을 수도 있습니다.

이 시기에 아이는 **안심이 되는 말이나 행동, 지지**를 간절히 필요로 합니다. 아이는 당신이 자신의 기분을 이해하고 존중한다는 것, 그리고 자신을 안전하게 보호해준다는 것을 확인하고 싶어 합니다.

아이가 발달하고 있다는 또 다른 신호는 갑작스런 부끄러움을 느끼는 것입니다.

유아기에 매우 외향적이었던 아이도 이 시기에는 다르게 행동할 수 있습니다. 아이는 갑자기 모르는 사람들 앞에서 부끄러움을 느낄 수도 있습니다. 이것은 아이가 관계에 대해 차츰 이해해가고 있다는 의미입니다.

이런 새로운 행동은 무례함이나 거부감이 아닙니다. 이것은 상황에 대해 아이가 보이는 똑똑한 반응입니다. 아이는 위험에 대해 이해하고 자신이 아는 사람과 모르는 사람의 차이점에 대해 알고 있는 것입니다. 모르는 사람 주변에서 아이가 조심스럽게 행동하는 것은 아이가 세상에 대해 점점 더 이해하고 있다는 것을 의미합니다.

부모들을 걱정하게 하는 또 하나의 발달 사항은 갑자기 당신의 지인이나 친척들에게 안기기 싫어하는 것입니다. 이럴 때 아이는 무례하게 구는 것이 아니라 자신의 몸에 대해 스스로 통제하고 싶어하기 시작한 것입니다. 누가 자신을 만질 수 있는지 스스로 결정하고 싶어 하는 것입니다.

이것은 매우 중요한 발달입니다. 아이들에게 신체의 안전과 사생활에 대해 가르치려면 아이가 자신의 신체를 스스로 통제할 권리가 있다는 것을 자각하고 그것을 존중해줘야 합니다.

아이가 아직은 다른 사람이 어떻게 느끼는지에 대해 이해하지 못한다는 것을 반드시 기억하시기 바랍니다. 아이가 당신이 없다는 것을 알고 울 때, 당신이 자리를 비워야 하는 상황임을 이해하지 못합니다. 아이가 모르는 사람과 이야기를 하지 않는 것은 이 사람이 지금 자기와 놀아주려고 한다는 것을 모르기 때문입니다.

아이는 이제 막 자신의 기분을 알아가기 시작했습니다. 하지만 다른 사람의 기분을 이해할 수 있으려면 시간이 더 필요합니다.

이 시기에 부모가 해야 할 가장 중요한 일은 **아이의 기분을 존중해주는 것**입니다.

우리는 아이들의 기분을 존중해줌으로써 상대방의 기분을 존중해야 한다는 것을 아이들에게 가르칩니다. 부모가 자신의 기분을 존중해줄 것이라는 것을 믿을 때, 아이들은 안전하다 느끼고 더 당당해집니다.

아이의 감정을 존중한다는 것은
아이가 자신의 기분을 말로 표현할 수 있게 도와주며
부모도 가끔은 똑같이 느낀다고 말해주고
부끄럽거나 쑥스럽게 하지 않으며
겁먹는다고 야단치지 않는 것입니다.

"아이들은 그들의 성장 능력에 따라
적절한 보살핌과 안내를 받을 권리가 있다."
_유엔아동권리협약 제5조

만 3~5세

홍미진진한 시기입니다. 아이는 모든 것을 알고 싶어 합니다!

이 나이가 되면 아이의 생각은 엄청나게 발달했을 것입니다. 그리고 이제 무엇이든 배울 수 있다는 것도 알게 됩니다. 새로운 것을 보게 되면 그것의 이름과 용도를 알고 싶어 하고, 어떻게 사용하는지, 움직인다면 어떻게 움직이는지 궁금해 합니다.

이 시기에 아이들은 엄청난 질문을 하게 됩니다. 부모님이 모든 질문에 대답하는 데 지치기도 하지요. 가끔은 질문에 답하기가 어려울 때도 있습니다.

그렇지만 부모는 아이의 질문에 **정중하게 대답함으로써** 아이의 배움에 든든한 토대를 만들어줄 수 있습니다. 부모가 아이의 호기심을 존중하면 아이들은 배우는 즐거움을 알게 됩니다. 이런 기분은 아이가 학교에 들어갈 때까지 남아 있을 것입니다.

아이의 질문에 성실히 답해주거나 아이가 답을 찾는 데 도와주는 부모는 아이에게 많은 것을 가르쳐주고 있는 것입니다.

모든 것을 알지 못해도 괜찮다는 것
아이들의 생각이 중요하다는 것

정보를 찾기 위한 방법이 여러 가지라는 것
답을 찾고 문제를 해결하는 것은 재미있는 일이라는 것

이런 것을 배우는 아이들은 도전에 직면할 때 더 자신감이 있습니다. 인내심에 대해서도 배울 것입니다. 그리고 배우는 것이 좋은 일이라는 것도 알게 될 것입니다.

그러나 가끔 아이들은 위험한 것에 대해서도 알고 싶어 합니다. 촛불을 켜는 방법을 알고 싶어 하거나, 높은 나무에서 뛰어내리거나, 또는 엄마가 가장 아끼는 그릇을 떨어뜨리면 어떻게 될지에 대해 알고 싶어 할 수도 있습니다.

아이들이 위험한 행동을 하지 못하게 해야 하므로, 부모는 이 시기가 되면 규칙에 대해 가르치기 시작합니다. 아이가 규칙이 필요한 이유를 이해할수록 규칙을 더 잘 따르게 될 것입니다.

아이는 모든 것의 이유와 규칙에 대해 알고 싶어 한다는 것을 명심하시기 바랍니다. 왜 새는 날까? 왜 물고기는 헤엄을 칠까? 왜 나는 초를 켜면 안 될까? 아이가 "왜?"라는 질문을 하는 것은 당신을 시험하는 것이 아닙니다. 단지 아이는 답을 알고 싶은 것뿐입니다.

"아이들은 정보를 구할 권리가 있다."

_유엔아동권리협약 제13조

이 단계에서, 아이들은
상상 속의 놀이를 즐겨
합니다. 여러 가지 물건인
척해보기도 하고, 어른인
척도 합니다. 가끔은 너무
진짜 같아서 자신의 놀이
속에 빠지기도 합니다.

노는 것은 아이의
'일'입니다. 상대방이
어떻게 느끼는지
느껴보는 방법이기도 합니다.
다른 사람의 입장이 되어
다른 사람의 시선으로
바라봅니다. 놀이는
아이의 공감 발달에 매우
중요한 부분입니다.

뿐만 아니라 놀이는 아이의 뇌 발달에도 중요합니다. 놀이를 통해 아이들은 문제를 해결하고, 새로운 것을 발견하기도 하며, 실험도 하고, 어떻게 일이 돌아가는지 알아갑니다.

"아이들은 놀 권리가 있다."

_유엔아동권리협약 제31조

아이들은 놀 시간이 필요합니다. 노는 것은 아이의 발달에 또 하나의 중요한 구성요소입니다.

상상력을 발휘할 때 좀 더 창의적인 문제 해결사가 될 것입니다. 뭔가를 분해하고 다시 조합할 때, 자신이 스스로 생각해 낼 수 있다는 것을 알게 될 것입니다. 그림을 그리고 노래를 부를 수 있다면, 예술을 통해 자기 자신을 표현하는 데 좀 더 자신감이 생길 것입니다. 논쟁을 하게 됐을 때 갈등을 더 잘 해결할 수 있을 것입니다.

이 시기 아이의 또 다른 특징은 돕고자 하는 욕구입니다. 아이들은 바닥을 쓸거나 간식을 만들기도 하고, 빨래를 하거나 페인트칠을 하는 등 무언가 어른이 하는 일을 함께 하고 싶어 합니다. 부모를 도우면서 아이들은 '견습생'이 되어 중요한 인생의 기술들을 배우고 연습할 수 있습니다.

어른을 도울 때 아이들은 실수를 많이 합니다. 일을 완벽하게 하지도 않습니다. 경험이 별로 없기 때문에 어른이 원하는 대로 하지 않을 수도 있습니다.

하지만 이것이 아이들이 배우는 방식입니다. 우리가 처음 하는 일을 잘하지 못하는 것처럼, 아이들도 실수를 하면서 배우는 기회를 만들어가는 것입니다.

어른이 아이에게 도와달라고 부탁하는 것은 아이에게 배울 기회를 주는 것입니다. 아이들에게 연습할 기회를 주는 것은 아이들의 능력을 존중한다는 것을 보여주는 것입니다.

이 메시지는 아이들에게 큰 영향을 줍니다. 자신이 할 수 있다는 것을 느낄 때, 아이들은 새로운 것을 배우는 데 자신감이 더욱 생길 것입니다.

이 시기의 부모가 **아이의 자신감을 길러주기 위해** 해야 할 중요한 일은

질문에 답해주거나 답을 찾는 일을 도와주는 것
놀 시간을 만들어주는 것
도와달라고 요청하는 것

자신이 배우고 성장할 수 있는 능력이 있다는 자신감은 미래의 모든 배움에 기초가 됩니다. 앞으로도 아이는 수많은 어려움에 처할 것입니다. 만약 아이가 '할 수 있다'는 믿음을 갖고 이런 여정을 시작한다면, 이러한 어려움을 잘 극복할 가능성이 훨씬 높아집니다.

이 시기는 아이의 인생에 중요한 전환점이며, 부모에게도 마찬가지입니다. 이 단계에서 대부분의 아이들은 초등학교에 입학합니다.

아이가 학교에 들어가면 아이의 세상이 바뀌게 됩니다. 아이는

부모 없이 스스로 해결하고
새로운 아이들과 잘 어울리고
새로운 어른들의 기대에 부응하고
새로운 스케줄과 일상을 따르는 법을 빠르게 배워야 합니다.

처음 입학한 학교에서의 경험은 이후의 학교와 미래의 배움에 대한 생각에도 영향을 끼칠 수 있습니다.

모든 아이들이 대부분 같은 연령대에 학교에 들어가지만, 저마다 준비 단계에 차이가 있을 수 있습니다. 또한 아이들의 각기 다른 기질은 그들이 학교에서 보이는 태도나 반응에 매우 큰 영향을 미칠 수 있습니다. 아이의 기질은 타고나는 것으로 바꿀 수 없는 부분입니다.

아이의 기질은 아이가 어떤 사람인가를 결정하는 중요한 부분입니다. '좋은' 기질이나 '나쁜' 기질은 없습니다. 그저 '다를' 뿐입니다.

우리의 기질은 우리를 고유하게 만들어주는 것입니다. 각각의 기질은 저마다 다른 장점을 가지고 있습니다.

기질의 여러 측면에 대해 알아보도록 하겠습니다.

1. 활동 수준

어떤 아이들은 매우 활동적이어서 쉬지 않고 달리고 뛰며 기어오르곤 합니다. 심지어 식사시간에도 가만히 앉아 있지 못합니다. 그들은 항상 움직이고 있는 것 같습니다. 또 다른 아이들은 덜 활동적이어서, 책을 보거나 장시간 퍼즐을 하는 등 조용한 활동을 선호하기도 합니다. 물론 그 중간 정도의 활동 수준인 아이들도 있습니다.

2. 규칙성

어떤 아이들은 예측 가능한 리듬을 갖고 있습니다. 규칙적인 간격으로 배가 고파지고, 매일 거의 같은 시간에 일어나고 잠이 들고 화장실에 갑니다. 반면에 어떤 아이들은 변화무쌍한 리듬을 가지고 있습니다. 어느 날은 정오에 배가 고팠다가 다음날 정오에는 전혀 배가 고프지 않을 수도 있습니다. 월요일에는 매우 일찍 일어났다가, 화요일에는 늦게 잘 수도 있습니다. 또 어떤 아이들은 그 중간의 리듬을 보이기도 합니다.

3. 새로운 상황에 대한 반응

어떤 아이들은 새로운 상황에 스스럼없이 접근합니다. 모르는 사람에게 미소를 짓고, 모르는 아이들 무리에 다가가서 함께 놀고, 친구를 쉽게 사귀고, 새로운 음식을 먹어보고, 새로운 곳에 가는 것을 좋아합니다. 반면에 또 다른 아이들은 새로운 상황을 낯설어 합니다. 낯을 가리기도 하고 새로운 무리에 끼는 데 오랜 시간이 걸리고, 접해보지 않은 음식은 꺼리기도 합니다. 새로운 곳에 가는 것을 피하기도 하지요. 또 어떤 아이들은 새로운 상황에 대해 중간 정도 반응을 보이기도 합니다.

4. 적응성

어떤 아이들은 새로운 일상과 장소, 또 새로운 사람과 음식에 쉽게 적응합니다. 새로운 스케줄에 적응하며, 새로운 집에서 살고 새로운 학교를 가는 데 하루 이틀 정도면 적응을 합니다. 반면에 또 다른 아이들은 천천히 적응합니다. 새로운 동네에서 친구를 만들고, 새로운 학교에서 편해지고, 새로운 스케줄을 따르는 데 몇 개월씩 걸리기도 합니다. 또 어떤 아이들의 적응성은 그 둘의 중간쯤입니다.

5. 주의 전환

어떤 아이들은 쉽게 주의가 분산됩니다. 그 순간에 보거나 듣는 것에 따라 한 가지 일에서 바로 다른 일로 관심이 바뀝니다. 아이의 집중력이 끊임없이 다른 방향으로 향하기 때문에 주어진 일을 끝내는 것이 오래 걸립니다. 그렇지만 아이가 슬프거나 실망했을 때, 아이의 시선을 다른 곳으로 돌려 기분을 바꾸는 것 또한 쉽습니다. 반면에 또 다른 아이들은 쉽게 주의가 분산되지 않습니다. 한자리에 앉아 책을 오랫동안 읽기도 합니다. 이런 아이들은 배가 고프거나 슬플 때 신경을 다른 곳으로 돌리는 일이 쉽지 않습니다. 또 어떤 아이들의 주의 전환은 그 둘의 중간쯤입니다.

6. 지속성

어떤 아이들은 끈기가 있어서 어려운 과제가 끝날 때까지 계속합니다. 아이들의 머릿속에 목표가 정해져 있고 그 목표를 이룰 때까지 일을 지속합니다. 실패가 두려워 포기하지 않습니다. 하지만 이런 아이들에게 하고 싶어 하는 일을 멈추게 하는 것은 쉽지 않습니다. 반면에 또 다른 아이들은 끈기가 덜합니다. 만약 넘어지면 올라가기를 멈출 것입니다. 퍼즐을 빨리 풀지 못하면 관심을 잃습니다. 이런 아이들에게 부모가 하지 말았으면 하는 일을 못하게 하기는 쉽습니다. 또 어떤 아이들의 끈기는 그 둘의 중간쯤입니다.

7. 감정 표현의 정도

어떤 아이들은 어떠한 사건이나 상황에 매우 격렬한 반응을 보입니다. 퍼즐을 푸는 데 어려움이 있으면 소리를 지르며 퍼즐 조각을 던져버립니다. 극심한 화나 슬픔을 보이지만, 강한 행복감도 보입니다. 슬플 때는 큰소리로 울고 행복하면 즐겁게 웃습니다. 부모는 아이의 기분이 어떤지 항상 알 수 있습니다. 반면에 또 다른 아이들은 억눌린 반응을 보입니다. 슬프면 속으로 조용히 울고 행복하면 조용히 미소 짓습니다. 이런 아이들의 감정을 읽기는 어렵습니다. 또 어떤 아이들의 격렬함은 그 둘의 중간쯤입니다.

아이의 기질 ①

아이의 기질(7가지 측면)에 대해 표시해보세요.

1. 활동 수준

낮음			높음
1	2	3	4
한자리에 오래 앉아 있는다			항상 움직인다

2. 규칙성

낮음			높음
1	2	3	4
매번 다른 시간대에 배고파 하고 졸려한다			매일 같은 시간대에 배고파 하고 졸려한다

3. 새로운 상황에 대한 반응

피함			좋아함
1	2	3	4
새로운 사람을 피하고, 새로운 장소를 불편해하며 새로운 것을 거부한다.			새로운 사람을 만나고, 새로운 장소에 가고, 새로운 일을 즐긴다

4. 적응성

낮음			높음
1	2	3	4
일상의 변화에 적응하는 데 오랜 시간이 걸린다			일상의 변화에 금방 적응한다

5. 주의 전환

낮음			높음
1	2	3	4
한 가지 활동에 오래 집중한다			모든 것을 신경 쓰고, 주의가 자주 분산된다

6. 지속성

낮음			높음
1	2	3	4
활동에 관심을 금방 잃는다			활동을 마칠 때까지 관심이 계속된다

7. 감정 표현의 정도

낮음			높음
1	2	3	4
감정의 변화를 그다지 보이지 않는다			슬픔, 분노, 기쁨과 행복을 강하게 표현한다.

아이의 기질 ②

아이의 기질이 이로운 점이 될 수 있는 경우를 생각해보세요.

아이의 기질이 어려움으로 작용하는 경우를 생각해보세요.

아이의 기질은 학교생활에 큰 영향을 미칩니다.

어떤 아이들은 새로운 환경이 신나고 즐겁다고 느끼며, 새로운 일상에 빨리 적응하고 새로운 친구를 사귀는 것을 즐길 것입니다. 또 어떤 아이들은 새로운 환경에 놓이면 스트레스를 받고, 새로운 일상에 적응하는 데 시간이 걸리며, 새로운 친구를 사귀기도 힘들어할 것입니다. 이때 부모가 아이의 기질을 발견하고 아이의 개성을 존중해주는 것은 매우 중요합니다.

활동적인 아이를 얌전한 아이로 만들거나 끈기 없는 아이를 끈기 있는 아이로 만드는 것은 사실상 불가능합니다. 하지만 부모로서 아이의 장점을 알고 더 키워줄 수 있습니다. 그리고 아이가 특히 어려워하는 것을 파악하여 아이가 그것을 이겨내는 힘을 키우는 환경을 만들어줄 수는 있습니다.

아이의 기질이 행동에 영향을 미칠 뿐만 아니라, 부모의 기질도 행동에 영향을 미칩니다. 그리고 부모의 기질은 부모 자신의 행동에도 영향을 미칩니다. 부모-자녀의 관계는 아이의 기질과 부모의 기질이 얼마나 잘 맞느냐에 많은 영향을 받습니다.

이를테면 그다지 활동적이지 않은 부모는 실내에서 조용히 책을 읽거나 조용한 음악을 듣는 것을 좋아합니다. 그런 부모에게 아주 활동적인 아이가 있다면 어떨까요? 이런 아이가 실내에서만 있어야 하거나 조용히 앉아 있으라는 말만 듣는다면 어떻게 될까요?

만약 부모가 자신보다 아이의 활동량이 많다는 것을 안다면, 자신의 기대치를 조절하고 아이가 원하는 활동량을 맞출 수 있는 방법을 찾을 것입니다. 만약 아이의 행동이 타고난 기질 때문임을 알아채지 못한다면, 이 부모는 아이가 '나쁘게' 군다고 오해할지도 모릅니다.

부모가 자신의 기질을 생각해보고 아이의 기질과 얼마나 잘 맞는지 생각해보는 것은 매우 중요합니다. 가족 간에 일어나는 숱한 갈등이 어디서 비롯되는지를 이해하는 데 큰 도움이 될 것입니다.

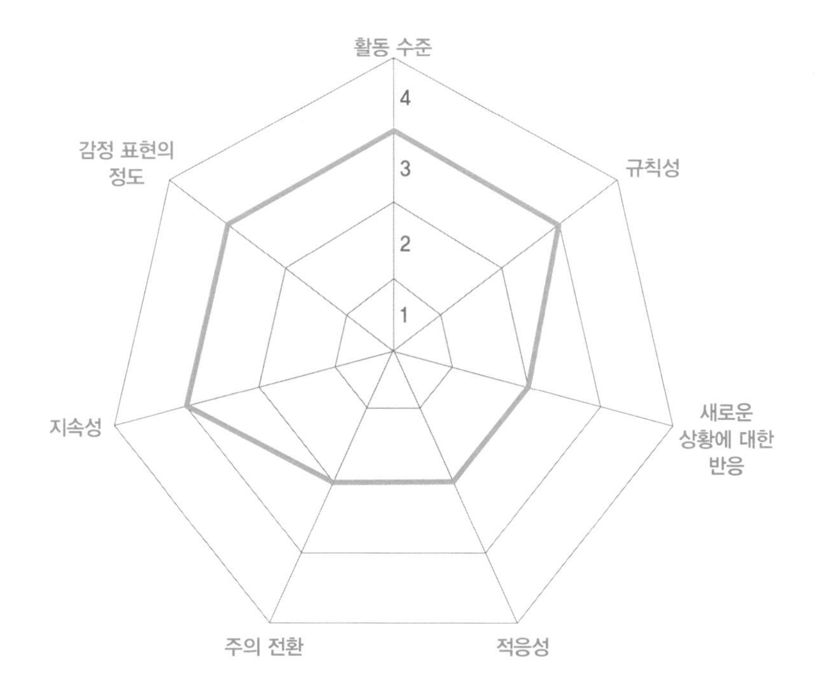

나의 기질 ①

당신의 기질(다음 7가지 측면)에 대해 표시해보세요.

1. 활동 수준

낮음			높음
1	2	3	4
나는 조용한 활동을 가장 좋아한다			나는 신체적으로 활동적이며 쉬지 않고 움직인다

2. 규칙성

낮음			높음
1	2	3	4
나는 매일 다른 시간대에 배가 고프고 피곤해진다			나는 매일 같은 시간에 배가 고프고 피곤해진다

3. 새로운 상황에 대한 반응

피함			좋아함
1	2	3	4
나는 새로운 상황이나 새로운 사람, 새로운 장소를 좋아하지 않는다			나는 새로운 장소에 가고 새로운 사람을 만나고 새로운 일을 하기를 좋아한다

4. 적응성

낮음			높음
1	2	3	4
새로운 일상이나 환경에 적응하기까지 오래 걸린다			일상의 변화나 환경의 변화에 금방 적응한다

5. 주의 전환

낮음			높음
1	2	3	4
나는 오랜 시간 한 가지 일에 집중하고 있다			나는 생각이 많고 주의가 분산된다

6. 지속성

낮음			높음
1	2	3	4
나는 흥미를 빨리 잃고 다른 일로 넘어간다			나는 한가지 일이 끝날 때까지 계속한다

7. 감정 표현의 정도

낮음			높음
1	2	3	4
나는 내 감정을 잘 모른다. 다른 사람들도 내 기분이 어떤지 잘 모르는 편이다			내가 행복하거나 슬프거나 화날 때, 사람들이 금방 알아챈다

나의 기질 ②

당신의 기질이 이로운 점이 될 수 있는 경우를 생각해보세요.

당신의 기질이 어려움으로 작용하는 경우를 생각해보세요.

조화

아이에 대해 평가한 항목에 해당하는 번호에 파란색 펜으로 체크하고 체크한 번호를 81쪽 도형에서 선으로 이어보세요.

활동 수준	① ② ③ ④
규칙성	① ② ③ ④
새로운 상황에 대한 반응	① ② ③ ④
적응성	① ② ③ ④
주의 전환	① ② ③ ④
지속성	① ② ③ ④
감정 표현의 정도	① ② ③ ④

당신 자신에 대해 평가한 항목에 해당하는 번호에 빨간색 펜으로 체크하고 체크한 번호를 선으로 이어보세요.

활동 수준	① ② ③ ④
규칙성	① ② ③ ④
새로운 상황에 대한 반응	① ② ③ ④
적응성	① ② ③ ④
주의 전환	① ② ③ ④
지속성	① ② ③ ④
감정 표현의 정도	① ② ③ ④

기질상의 차이점

나와 아이는 이런 점이 다르다 :

이런 차이점은 어떤 상황에서 갈등을 만들까요?

나와 아이는 이런 점이 다르다 :

이런 차이점은 어떤 상황에서 갈등을 만들까요?

나와 아이는 이런 점이 다르다 :

이런 차이점은 우리가 잘 지내는 데 어떻게 도움을 줄까요?

나와 아이는 이런 점이 다르다 :

이런 차이점은 우리가 잘 지내는 데 어떻게 도움을 줄까요?

기질상의 유사점

나와 아이는 이런 점이 비슷하다 :

이 비슷한 점은 우리가 잘 지내는 데 어떤 도움을 줄까요?

나와 아이는 이런 점이 비슷하다 :

이 비슷한 점은 우리가 잘 지내는 데 어떤 도움을 줄까요?

나와 아이는 이런 점이 비슷하다 :

이 비슷한 점은 어떤 상황에서 갈등을 만들까요?

나와 아이는 이런 점이 비슷하다 :

이 비슷한 점은 어떤 상황에서 갈등을 만들까요?

당신과 아이의 기질이 얼마나 잘 맞는지는 둘의 관계에 큰 영향을 미치게 됩니다. 기질이 당신의 행동과 아이의 행동에 미치는 영향에 대해 알게 된다면, 수많은 갈등이 생겼던 이유가 이해되기 시작할 것입니다. 그리고 때리고 소리 지르는 것이 왜 도움이 안 되는지도 이해할 수 있을 것입니다.

아이도 당신처럼 한 사람의 개인입니다. 당신이 스스로의 기질을 바꿀 수 없는 것처럼 아이의 기질도 바꿀 수 없습니다. 당신과 아이의 기질이 잘 맞지 않아도, 싸우거나 다투지 않고 그 차이를 해결할 방법을 찾으면 됩니다. 서로의 다른 점을 존중하고 해결해나갈 방법을 찾을 수 있습니다.

이 시기에 사회관계는 아이들에게 점점 더 중요해집니다. 친구관계에 대해 점점 커지는 관심은 아이들의 자립심이 그만큼 커지고 있다는 신호입니다.

아이의 세상은 점점 커지고 있습니다. 아이는 다른 사람이 어떻게 생각하고, 무엇을 믿고, 어떻게 행동하는지에 대해 배웁니다.

가끔 부모들은 이 시기의 아이들이 자신들의 통제력을 잃게 되는 건 아닌지 걱정하기도 합니다. 그리고 아이에게 다가오는 모든 새로운 영향에 대해 걱정하기 시작합니다.

하지만 이것은 아이의 발달에 필요한 것이고 중요한 부분입니다. 이 시기의 아이는 다른 사람들에 대해 많이 배우게 됩니다. 그리고 자기 자신에 대해서는 더 많이 배우게 됩니다.

이 시기의 아이들은 처음으로 아주 어려운 문제를 해결해야 합니다. 아이들은 다음과 같은 것을 배워야 합니다.

다른 친구와의 갈등을 해결하는 법
다른 사람과 의견이 다르더라도 대화하는 법
자립하는 법
다른 이를 옹호하는 법
괴롭힘에 대처하는 법
어려운 상황에서도 의리를 지키는 법
자신에게 불친절한 사람을 친절하게 대하는 법

아이가 어렸을 때 배운 기술과 자신감은 이런 새로운 문제를 대할 때 아이에게 든든한 토대가 될 것입니다.

자신이 착하고 남을 배려할 줄 알며 능력 있다고 생각하는 아이들은 좋은 결정을 내릴 확률이 높습니다. 부모가 지지해준다고 느끼고 부모에게 인정받는다고 느끼는 아이들은 부모의 조언을 구할 확률이 높습니다.

공격성이나 폭력 없이 갈등이나 화, 스트레스를 해결하는 부모를 본 아이들은 자신의 갈등도 부모처럼 해결할 확률이 높습니다. 부모에게서 다른 사람 말에 귀 기울이며 대화하고 정중히 대하는 법을 배운 아이들은 자신의 친구나 선생님도 그렇게 대할 확률이 높습니다.

아이와 끈끈하고 믿을 수 있는 관계를 만들기 위해 당신이 했던 모든 일들이 아이가 어려운 상황에 맞닥뜨릴 때 스스로 헤쳐나갈 수 있는 힘을 줄 것입니다.

아이가 복잡한 인간관계를 이해하는 일은 큰 도전입니다. 이런 문제에서 아이는 완전히 초보자입니다. 아이는 어른이 이해하는 모든 것을 이해하지 못하기 때문에 실수를 할 것입니다.

그러나 아이가 도전하고 실패하고 성공을 겪으면서, 아이는 다른 사람과 자신에 대해 많이 배우게 될 것입니다. 상대방에 대한 이해심도 커질 것입니다. 그리고 자신의 신념과 가치에 대한 이해심도 점점 높아질 것입니다.

이 시기에 부모가 해야 할 중요한 일은 아이를 돕고 지도하는 것입니다. 아이는 부모를 본보기이지 안내자로 생각합니다.

우리는 아이의 본보기가 되어주어야 합니다.

아이의 첫 번째이자 가장 중요한 선생님으로서 우리는 자신의 행동을 통해 아이들에게 이런 것을 가르칠 수 있습니다.

다른 사람의 권리 존중하기
친절하게 행동하기
다른 사람을 돕기
타인에게 상처를 줄 수 있는 상황을 이해하기
자신의 실수에 대해 책임지기
진심으로 사과하기
의리를 지키기
진실되게 행동하기

이 시기는 아이의 유아기와 청소년기 사이를 이어주는 다리가 되기 때문에 아주 중요한 시기입니다.

우리는 지금까지 만들어놓은 기초를 계속해서 다져나가면 됩니다. 그러면 아이는 청소년기의 자주적인 의사결정의 기초를 마련할 수 있습니다.

아이는 이제 사춘기에 접어들 시기입니다. 여러 가지 즐거운 변화가 있을 것입니다.

아이의 신체가 변화합니다. 이제 더 이상 어린아이가 아닙니다. 아이는 성인이 될 준비를 하고 있습니다. 하지만 아직은 아이입니다.

이 상황은 가족 간의 갈등으로 이어질 수도 있습니다. 이 시기에 가족 간의 갈등이 흔한 이유는 무엇일까요?

첫 번째 이유

이 시기의 아이들은 부모로부터 좀 더 독립적이거나 주체적이기를 원합니다. 하지만 부모는 아이가 스스로 결정하기에 필요한 지식과 기술이 아직 부족하다고 생각하며 걱정합니다.

두 번째 이유

아이의 신체에 일어나고 있는 큰 변화는 변덕스러운 행동으로 이어질 수 있습니다. 아이는 한순간 기분이 좋았다가 갑자기 토라지고 쉽게 화를 낼 수도 있습니다.

세 번째 이유

아이는 점점 더 친구들과 시간을 많이 보내고 부모와는 시간을 덜 보냅니다. 가끔은 부모님의 반대에도 불구하고 친구들이 하는 것을 하고 싶어 합니다.

네 번째 이유

아이들은 이 시기에 자신이 부모님과 의견이 다를 수도 있다는 것을 깨닫게 됩니다. 아이들은 자신만의 신념을 만들어내고 한 사람으로서 자신이 누구인지 알아가게 됩니다.

다섯 번째 이유

이 시기에 부모는 아이들에 대해 염려스러운 감정을 느낍니다. 아이들의 안전이나 건강에 대해 걱정할 수도 있습니다. 문제를 일으키거나 학교생활을 잘하지 못할까 봐 걱정할 수도 있습니다. 가끔 부모는 아이 앞에서 자신이 무력하다고 느끼기도 합니다.

이런 이유들은 가족 간의 마찰로 이어질 수 있습니다.

이 시기의 아이들에게 친구 간의 우정은 점점 더 중요해집니다. 친구는 아이들의 정서적 안정에 매우 중요합니다. 친구는 아이에게 큰 버팀목이자 편안함이며 즐거움이기도 합니다. 친구들은 아이에게 새로운 기술을 가르쳐주기도 하고, 새로운 관심사에 눈을 뜨게 돕기도 합니다. 어른들과 마찬가지로 아이들에게도 사회적 지지가 필요합니다.

하지만 친구를 사귀고 친구들과 잘 지내는 것에 대해 아이의 관심이 점점 커지면 부모는 걱정스러운 마음이 들기도 합니다. 이것이 '또래 압력'으로 이어지기도 하고, 때로는 친구들로부터 인정받기 위해 부모가 동의하지 않는 일을 할 수도 있기 때문입니다.

이 시기에 부모에게 가장 큰 시험은 아이의 커가는 **자주성을 존중해주면서 동시에 아이를 안전하게 보호하는 것입니다.**

아이에게 안전망을 제공할 수 있는 방법

▶ 함께 시간 보내기

- 가족으로서 무언가 함께 하기
- 아이의 친구들에 대해 함께 이야기하기
- 아이의 걱정과 염려 들어주기
- 아이가 달성한 일을 인정해주기
- 앞으로 아이가 마주하게 될 문제에 대해 말해주고, 옆에서 도와

줄 것이라고 알려주기
- 아이에게 솔직하기
- 아이와 가깝게 지내기
- 아이의 행동 뒤에 숨겨진 기분을 이해하려고 노력하기

▶ 자존감 길러주기
- 아이가 자신이 어떤 사람인지 알고 좋아할 수 있도록 도와주기
- 아이가 자신의 능력을 믿을 수 있도록 격려해주기
- 아이가 자신의 장점과 특별함을 알아챌 수 있도록 도와주기

▶ 아이의 학교생활에 참여하기
- 학교 행사에 가기
- 선생님들 알아가기
- 숙제에 대해 이야기해보고 도와줄 수 있는 부분은 말해주기
- 아이가 읽고 있는 책에 관심을 갖고 그것에 대해 이야기하기

▶ 아이의 친구들을 알아가기
- 친구들을 초대해서 집에서 놀게 하기
- 친구들의 가족 만나기
- 아이와 아이 친구들이 관련된 행사에 참여하기

▶ 아이와 거리를 두면서도 가깝게 지내기
- 아이가 어디에 있고 누구와 있는지는 알지만 혼자 있고 싶어 하고 사생활이 있다는 것을 존중해주기
- 아이를 믿는다는 것을 보여주기

아이의 자주성을 길러줄 수 있는 방법

▶ 스스로 옳고 그름을 판단할 수 있게 도와주기

- 위험한 행동들에 대해 아이와 얘기를 나누고 왜 흡연이나 약물남용, 그리고 위험한 신체활동들을 해서는 안 되는지 설명해주기
- 당신의 가치관에 대해 이야기해주고 아이의 가치관 들어주기
- 사춘기에 겪게 될 신체적·정서적 변화에 대해 이야기하기
- 아이가 잘못되거나 위험하다고 생각되는 것들을 하려 할 때 겪게 될 부담감에 대해 이야기하기
- 또래 압력을 직면할 수 있도록 미리 계획하고, 압력을 견딜 수 있는 방법을 찾도록 도와주기

▶ 책임감과 능숙함을 기를 수 있도록 도와주기

- 집안일에 참여하도록 하기
- 돈에 대해 이야기하고 돈을 현명하게 쓰는 법에 대해 이야기하기
- 가족 규칙을 만들거나 기대하는 일에 아이를 참여시키기

▶ 공감능력을 높이고 타인을 존중하도록 도와주기

- 어려운 사람들을 도와주는 것을 격려해주기
- 상대방이 불친절할 때 어떻게 해야 할지 이야기하기

▶ 미래에 대해 생각해보도록 돕기

- 자신의 목표를 세우도록 도와주기
- 아이가 배우고 싶어 하는 기술이나 지식에 대해 이야기 나누기
- 아이의 인생에 대한 꿈과 비전을 갖도록 격려하기
- 목표를 이룰 수 있는 방법을 찾는 것을 도와주기

어린 시절부터 지금까지 부모가 쌓아놓은 모든 구성요소들은 이제 아이의 인생에서 매우 중요한 것이 되었습니다.

청소년기에 가족과의 관계를 더욱 돈독하게 하는 구성요소들

구성요소		시기
정체성		청소년기
자신감		초등 학령기
감정 존중	정보 탐색	학령전기
비폭력적 갈등 해결	자주성	유아기
존중하는 의사소통 능력		영아기
애착	믿음	신생아기 영아기

부모가 믿을 수 있는 사람이라는 생각을 어릴 때부터 하게 된 아이들은 부모의 조언을 더 귀담아 듣습니다.

어렸을 때 부모가 자주성을 길러준 아이들은 또래들에게서 부정적인 영향을 받을 확률이 적습니다.

어렸을 때 감정을 존중받은 아이들은 두려움과 걱정거리를 부모에게 털어놓을 확률이 높습니다.

어렸을 때 부모가 자신감을 키워준 아이는 커서 자기 자신을 더 믿게 될 것입니다.

부모로부터 지지받고 지도를 받은 아이들은 문제가 생기기 전에 부모를 더 찾게 될 것입니다.

당신이 아이와 쌓아온 관계는 아이가 청소년기를 보내는 데 정신적 지주가 될 것입니다.

만 14~18세

이 시기는 행동과 정서가 믿을 수 없을 만큼 풍부한 시기입니다.

아이는 이제 성인이 되기 전의 마지막 단계에 이르렀습니다. 아이는 지난 시절 동안 이 시기를 위해 연습해왔다고 해도 과언이 아닙니다. 이 단계에서는 날마다 이런 중요한 기술을 사용할 것입니다.

다른 사람들을 존중하고
폭력 없이 갈등을 해결하고
자신의 감정을 긍정적인 방식으로 전달하고
자신과 다른 사람을 옹호하는 법

이 시기에 부모는 아이들을 자주 보지 못한다는 것을 알게 됩니다. 아이는 이제 삶의 기술을 스스로 사용하며 살아가야 합니다.

청소년 자녀를 양육하는 일은 즐거운 경험이 될 수 있습니다.

이제 아이는 거의 어른이나 다름없어서 거의 모든 것들에 대해 당신과 이야기를 나눌 수 있습니다. 새로운 생각을 하고, 자신만의 이상을 세우고 본인만의 방향을 세우기도 합니다.

변해가는 아이와의 관계에 대해 협의를 해나가는 과정에는 또 다른 많은 도전들이 기다리고 있을 것입니다. 하지만 언제나 그랬듯이, 그러한 도전은 아이에게 올바른 결정을 내리고 갈등을 해결하며 실패를 극복하는 법을 가르쳐줄 수 있는 기회입니다.

이 시기에 아이는 자신이 누군지를 알아내고자 여러 가지의 가능성을 시험해볼 것입니다. 아이의 가장 큰 목표는 자신만의 고유한 정체성을 찾는 것입니다.

아이는 남이 기대하는 모습이 아닌, 자신의 진정한 모습을 표현하고자 하는 강한 욕구가 있습니다. 이러한 것들은

음악
옷과 헤어스타일
친구
신념
좋아하는 음식
학교 밖에서의 활동
배움에 대한 관심
미래에 대한 계획

등을 통해 표현될 수도 있습니다.

"아이는 표현의 자유와 생각의 자유에 대한 권리가 있다."

_유엔아동권리협약 제13, 14조

부모들은 이 시기에 두려운 마음이 들기도 합니다. 지금까지 아이에게 가르쳐왔던 모든 것이 사라져버렸다는 생각이 들기도 합니다.

아이에게 새로운 종교적 신념이나 정치적 신념이 생기기도 합니다. 줄곧 참가하던 종교행사에 나가지 않거나 특정 음식을 먹지 않을 수도 있고, 머리를 염색하거나 검정색 옷만 입을지도 모릅니다.

아기였을 때 여러 가지 물건들을 실험해본 것과 마찬가지로, 이제 청소년이 된 아이는 자신의 정체성을 실험하고 있는 중입니다. 아이는 다양한 것을 시험해보고 어떤 것이 자신에게 가장 잘 맞는지 찾아낼 것입니다.

그러기 위해서 아이는 먼저 이전의 방식들 몇 가지를 버려야 합니다. 아이는 지금 누에고치를 벗고 있는 애벌레와 같기 때문입니다. 이것은 유일무이한 자기 자신, 즉 고유한 개인이 되기 위해서 아이가 꼭 거쳐야 하는 과정입니다.

흔히 아이는 부모가 생각하는 것과 매우 다른 정체성을 시도해봅니다. 부모가 싫어하는 음악을 듣고, 부모가 싫어하는 옷을 입고, 부모와 다른 의견을 보입니다. 부모와 다른 선택을 함으로써 아이는 자기 자신이 누구인지 더 잘 알 수 있습니다. 하지만 부모는 흔히 이런 시도가 자녀를 나쁜 길로 이끌지 않을까 걱정합니다.

가끔 청소년들은 담배나 술에 손을 대볼까 생각하기도 합니다. 아니면 성관계나 이성관계에 대해 생각해보기도 합니다. 청소년은 자신에게 나쁜 일이 생길지도 모른다는 것을 이해하기 힘들어합니다. 다치거나 임신을 하거나 죽을지도 모른다는 것을 완전히 이해하지 못합니다.

이 시기의 아이들은 나쁜 일이 일어나지 않을 거라고 믿기 때문에 가끔은 위험한 일을 저지르기도 합니다. 어른인 척하며 그동안 금지되었던 것들을 해보기도 하며, 부모를 포함한 어른들이 하던 것을 해보고 싶어 합니다.

부모는 흔히 자식이 나쁜 본보기의 어른들이나 다른 아이들에게 영향을 받아 나쁜 길로 들어설까 걱정합니다. 이제 부모에 대한 아이의 믿음은 극도로 중요해집니다. 아이는 정보나 조언이 필요할 때 두려움 없이 부모에게 의지해도 된다는 것을 알고 있어야 합니다.

아이는 통제받는 것을 원치 않습니다. 하지만 아이는 부모가 자기 곁에서 정확하고 솔직한 정보를 제공하고, 명확한 기대치와 구조화를 제공하며 안전한 환경을 제공하고 있다는 것을 알아야 합니다.

이 시기는 아이가 그동안 배워온 자신감, 의사결정 능력, 의사소통 능력, 자존감, 이해심, 갈등 해결 능력을 테스트받는 시기입니다. 바로 지금이 이러한 능력들이 가장 필요한 때이기도 합니다.

자기주도적인 선택을 하려고 할 때, 아이는 가끔 실수를 하기도 할 것입니다. 새로운 물건에 대해 배우는 도중에 아기가 다쳤던 것처럼, 인생에 대해 배우고자 하는 새로운 욕구가 생긴 이 아이도 다칠 수 있습니다.

하지만 당신은 어렸던 아이에게 안전한 환경과 필요한 정보를 제공하고, 아이의 성장을 뒷받침해줬던 것처럼 지금도 그런 역할을 해야 합니다.

아이는 자신의 날개를 시험해보는 중입니다. 가끔은 떨어질 수도 있지만 당신의 도움으로 나는 법을 배울 것입니다.

이 시기에 부모가 할 수 있는 가장 중요한 일은 다음과 같습니다.

부모-자녀 간의 유대감을 높이기
아이의 행동을 관심 있게 살펴보기
아이의 자주성을 길러주기

부모 자녀 간의 유대감을 높이기

부모와 자녀 간의 관계는 아이가 태어나면서부터 만들어지기 시작합니다. 아이가 어릴 때부터 쌓아온 믿음과 애착이 견고해지면 부모는 아이가 청소년기에 접어들 때부터 어른이 되는 시기까지 아이와의 관계의 잘 만들어갈 수 있게 됩니다.

아이는 부모와의 관계가

- 따뜻하고 다정하며,
- 안정적이고 일관되며, 예측 가능할 때 청소년기를 성공적으로 보낼 확률이 높습니다.

부모와의 관계가 돈독한 아이들은

- 다른 청소년이나 어른들과 긍정적인 관계를 맺을 수 있으며
- 부모에게 믿음을 주고 그 믿음을 유지하고 싶어 하고
- 다른 이를 존중과 이해심을 가지고 대할 수 있으며
- 자신감과 자부심이 높으며
- 다른 사람에게 더 협조적이고
- 건강한 생각을 가지고 있으며
- 부모의 조언을 귀담아듣고 따를 확률이 높습니다.

아이를 존중하고 친절하게 대하는 부모는 아이에게서 똑같이 대접을 받을 것입니다.

반대로, 부모가 권위적이고 체벌을 하는 경우, 청소년기의 아이는

- 부모를 두려워하고 피하며
- 체벌을 피하기 위해 거짓말을 하고
- 우울해하고 불안해하며
- 화나고 억울해하고
- 다른 사람에게 화풀이를 하고
- 부모에게 반항을 할 것입니다.

부모와 청소년 시기 자녀의 정서적 유대관계는 둘 사이의 지난 모든 상호작용 과정을 보여주는 것입니다.

따뜻하고 친절하고 다정한 관계는 이 시기의 아이를 성공적으로 잘 이끌 수 있게 도와줍니다.

아이의 행동을 항상 관심 있게 살펴보기

자주성이 커져가는 10대 자녀에게 구조화를 제공하는 것은 힘든 일입니다. 아이들이 자기주도적이기를 원하고, 그것이 필요한 시기이지만 아직은 여전히 부모의 지도도 필요할 때입니다.

이 시기에 부모가 할 수 있는 일은 아이를 이끌어주는 가이드 역할을 하는 것입니다. 어떤 난관이 있을 수 있고, 어떻게 해야 안전하게 목표에 도달할 수 있는지 알려주거나 보여줄 수 있습니다. 하지만 어느 길을 택할지 결정하는 것은 아이 자신입니다.

자녀의 행동을 항상 관심 있게 살피는 일은 도움이 필요한 시기에 적절한 도움을 주어 미래에 안전한 길로 인도할 수 있는 최선의 방법입니다. 관심 있게 살펴본다는 의미는 아이의 사생활과 자립심을 존중하는 선에서 아이가 무엇을 하는지 알고 있는 것을 뜻합니다.

부모는 다음의 방법으로 아이를 살펴볼 수 있습니다.

- 아이의 활동에 진지하게 관심을 갖기
- 자주 대화하기
- 방해되지 않는 선에서 아이 근처에 있기
- 아이가 관련된 행사에 참석하기
- 아이의 친구들에 대해 알기
- 아이의 친구들을 반갑게 맞아주기
- 가족 나들이에 친구들을 초대하기
- 여가시간에 아이가 뭘 하는지 알기

- 같이 즐길 수 있는 활동을 찾아 함께 하기
- 아이가 목표를 이룰 수 있도록 도와주기

부모가 긍정적이고 즐거운 방식으로 아이와 소통하는 것은 아이를 살펴보기 위한 최상의 방법입니다.

부모와 함께 보내는 시간을 즐길 때, 아이는

- 부모의 관심을 보살핌이라 여기고
- 부모와 함께 시간을 더 보내고
- 부모님과 대화하는 것을 편하게 느끼고
- 부모의 조언을 듣고
- 부모와 긍정적인 관계를 유지하고 싶어 합니다.

하지만 부모의 반응이 부정적이고, 화를 내거나 벌을 줄 때, 아이는

- 부모의 관심을 통제와 간섭이라 여기고
- 부모와 시간을 덜 보내고 혼자 있는 시간을 늘리며
- 걱정거리가 있을 때 부모와 이야기하기를 두려워하고
- 부모의 조언을 거부하고
- 부모에게 반항할 것입니다.

아이를 보살피는 일은 항상 따뜻하고 친절하고 다정한 관계 속에서 이루어져야 합니다.

청소년기는 아이에게 안전하고 힘이 되는 환경에서 의사결정 능력을 연습할 수 있도록 부모가 도와줄 수 있는 마지막 기회입니다. 머지않아 아이는 독립적인 성인이 될 것입니다.

아이의 자주성을 길러주기 위해, 부모는 이 기회를 다음과 같이 활용할 수 있습니다.

- 아이의 생각이 자신과 다르더라도 진심으로 존중해주기
- 아이의 가치에 맞는 결정을 하도록 독려하기
- 무조건적인 사랑을 보여주기
- 동등한 위치에서 아이와 토론하기
- 스스로 의사결정을 하고 그 결과에 대처하는 아이의 능력에 대한 믿음을 보여주기
- 아이의 감정을 존중하기
- 아이가 실수할 때 아이를 도와주기
- 아이가 실패할 때 다시 도전하도록 독려하기
- 아이가 불공평하게 대우를 받는다고 느낄 때 아이의 입장을 이해하기
- 서로 의견이 다를 때 해결하는 방법에 대해 협의하기

부모의 이러한 행동은 아이를 신뢰감 있고, 낙관적이고, 유능한 성인이 되도록 이끌어줄 것입니다.

가끔 부모는 자신도 모르게 다음과 같은 행동을 하며 아이의 자주성을 꺾기도 합니다.

- 아이의 생각을 비난하기
- 자신과 의견이 다를 때 아이가 죄책감을 갖게 만드는 것
- 아이가 이야기를 하려 할 때 이야기 주제를 바꾸기
- 아이의 감정을 무시하기
- 아이가 실수했을 때 "그럴 줄 알았다"라고 말하는 것
- 문제에 부딪쳤을 때 아이 편에 서지 않고 아이를 거부하는 것
- 아이의 생각과 관점을 인정해주지 않는 것
- 지나치게 엄격하고 서로 의견이 다를 때 해결 방법에 대해 협의하려고 하지 않는 것

이런 경험이 쌓이면 아이는 억울하고 화나고 우울해지며, 한 인격체로서 자신의 가치를 의심하기 시작하게 됩니다. 스스로 좋은 생각이나 올바른 결정을 내릴 능력이 안 된다고 판단할 수도 있습니다. 아이는 점점 의존성이 커지고, 언제나 다른 사람들이 대신 결정해주기를 바라게 될 것입니다. 아이의 자주성은 부모가 얼마나 존중하고 믿는지 보여줄 때 쑥쑥 자랍니다.

자, 이제 우리는

아이들이 각각 다른 시기에 어떻게 생각하고 느끼는지 이해하게 되었고, 어려운 상황을 긍정적이고 건설적인 방법으로 대할 준비가 더 많이 되었습니다.

이런 지식은 문제를 해결하는 기반을 제공합니다. 당신은 아이와 얽힌 어떤 상황에서 단순하게 반응하는 대신, 아이의 행동이 무엇을 뜻하고 그 결과가 어떠할지를 생각해볼 수 있습니다.

부모들은 종종 아이들이 어떠한 행동을 하는 이유를 잘못 해석합니다. 아이들이 부모를 속상하게 하려고 반항한다고 생각하여 화를 내고 벌을 주곤 하지만, 이제는 아이가 다음 단계로 나아가기 위해 필요한 것들을 연습하는 중이라고 이해하고, 아이에게 적절한 정보와 지지를 줄 수 있습니다.

4장

문제 해결하기

'긍정적으로 아이 키우기'의 네 번째 구성요소는 문제 해결하기입니다.

앞에서 아이의 발달단계에 따라 따뜻함과 구조화를 제공함으로써 당신의 장기적 목표를 이룰 수 있음을 배웠습니다. 이번 장에서는 각기 다른 연령대의 아이들에게 생길 수 있는 문제 상황에 대해 이야기를 나눌 것입니다. 지금까지 배운 아이의 발달단계를 적용하여 무엇이 아이의 행동에 문제 상황을 유발시키는지를 생각해보겠습니다.

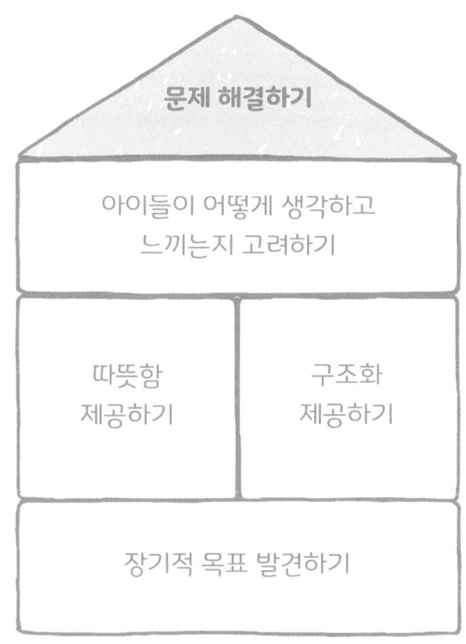

0~6개월

이 시기에 부모들이 처하는 가장 큰 난관은 어린 아기의 이유 모를 울음에 대처하는 것입니다.

상상해보세요.
태어난 지 10주 된 아기가 몇 분간 계속 울고 있습니다.

3장에서 읽었던 이 시기의 발달단계에 대해 생각해보고, 아기가 울 만한 이유를 최대한 많이 작성해보시기 바랍니다.

혹시 다음과 같은 이유를 찾으셨나요?

- 배가 고파서
- 목이 말라서
- 통증이 있어서
- 너무 더워서
- 너무 추워서
- 기저귀가 젖어서
- 몸이 아파서
- 무서워서
- 안기고 싶어서
- 안고 흔들어주길 원해서

만약 위의 이유가 포함되어 있다면 축하드립니다! 당신은 발달단계에 따른 지식을 적용해서 아이가 왜 우는지 알아낸 것입니다.

이번에는 이렇게 상상해보세요.

지금은 초저녁입니다. 10주 된 아기는 30분째 울고 있습니다. 당신은 다음과 같은 행동을 해보았습니다.

- 우유 먹이기
- 아기를 조이거나 찌르는 것이 없나 확인하기
- 옷이나 담요를 걷어내기
- 옷을 더 입히거나 담요를 덮어주기
- 열이 있나 확인하기
- 아기를 안고 노래를 불러서 편안하게 해주기
- 등을 토닥토닥 두드려주기

그러나 아기는 아직도 울고 있습니다.

이제 다시 한번 제 3장에서 읽었던 이 시기의 발달단계에 대해 생각해보시기 바랍니다.

이제 아기의 울음에 대해 최대한 많은 이유를 써보세요.

혹시 다음과 같은 이유를 찾으셨나요?

- 당신이 알아낼 수 없는 통증
- 당신이 알아낼 수 없는 병
- 배 속 가스
- 정상적인 울음 패턴

그렇다면, 축하드립니다! 당신은 발달단계에 대한 당신의 지식을 적용해 아기가 왜 우는지 알아냈습니다.

아기는 **결코** 당신을 화나게 하려고 우는 것이 아니라는 것을 명심하시기 바랍니다. 아기는 당신의 감정과 상관없이 그저 우는 것으로 표현할 수밖에 없기 때문에 우는 것뿐입니다.

6~12개월

이 시기에 부모가 겪는 가장 큰 어려움은 충분히 잠을 자지 못하는 것입니다. 아기는 밤중에 자주 울고 부모는 계속 잠을 깨야 하는 상황이 반복되면서 지칠 수도 있습니다.

6개월 된 아기는 매일 새벽 4시에 깨기도 합니다. 너무 피곤한 당신은 아기가 밤에 깨지 않고 자길 바랍니다.

3장에 소개한 이 시기의 발달단계에 대한 내용을 떠올려보시기 바랍니다. 그리고 아기가 밤중에 왜 깨는지에 대해 최대한 많은 이유를 써 보세요.

혹시 다음과 같은 이유를 찾으셨나요?

- 배가 고프거나 목이 말라서
- 이가 나면서 생기는 통증 때문에
- 너무 덥거나 너무 추워서
- 기저귀가 젖어서
- 아파서
- 부모가 사라지면 어쩌나 하는 두려움 때문에
- 뇌 조직화로 인해
- 안기고 싶어서
- 안고 흔들어주길 원해서

그렇다면 당신은 당신의 지식을 적용하여 아기가 왜 우는지 알아냈습니다.

아이는 부모를 화나게 하거나 응석받이가 되어서 우는 것이 아니라는 것을 떠올리시길 바랍니다.

이 시기의 아이에게 너무 많은 보살핌과 관심을 준다고 해서 아이가 버릇없어지는 일은 없습니다.

아기는 어린 식물과 같습니다.
잘 자라나기 위해서는 많은 보살핌과 관심이 필요합니다.

이번에는 이렇게 상상해보세요.

아기가 큰 소리를 내기 시작했습니다. 아기는 갑자기 소리를 지르거나 아무도 이해하지 못하는 소리를 냅니다. 가끔은 공공장소나 조용한 장소에서 그러기도 합니다.

이제 3장에서 읽었던 이 시기의 발달단계에 대해 생각해보세요. 그리고 왜 아기가 큰 소리를 내는지에 대한 이유를 최대한 많이 써보시기 바랍니다.

혹시 다음과 같은 이유를 찾으셨나요?

- 말을 따라하려고 하는 것
- 소리를 낼 수 있는 능력을 즐기는 것
- 다른 소리를 낼 때 무슨 일이 일어나는지 실험하는 것
- 언어의 여러 소리를 연습하는 것
- 정상적인 옹알이를 하는 것
- 말하기 시작하는 것

그렇다면, 당신은 이 시기의 발달단계에 대한 당신의 지식을 적용하여 아기가 왜 소리를 지르는지 알아냈습니다.

아기는 당신을 창피하게 하거나 화나게 하려고 소리를 지르는 것이 아닙니다. 소리에 대한 발견에 신난 것입니다. 아기는 스스로 만들 수 있는 새로운 소리를 발견하고 실험하는 것을 무척이나 좋아합니다. 설령 큰 소리일지라도 이 소리는 아기가 발달하고 있다는 신호입니다.

만 1~2세

이 시기에 아이들은 걷기 시작하고 여기저기 탐색하기를 좋아합니다. 부모는 아이를 안전하게 보호하기 위해 많은 시간과 노력을 들입니다.

상상해보세요.

당신의 어린 자녀는 매우 활동적인 아이입니다. 아이는 집 안 구석구석을 걸어 다니며 칼과 가위를 포함한 이것저것을 만집니다. 당신은 아이가 다칠까 걱정이 됩니다.

이 문제를 해결하기 위해, 3장에서 읽었던 이 시기의 발달단계에 대해 생각해보시기 바랍니다. 그리고 아이가 왜 위험한 행동을 하는지에 대한 이유를 최대한 많이 써보시기 바랍니다.

혹시 다음과 같은 이유를 찾으셨나요?

- 만지면서 배우기 위해
- 탐색에 대한 강한 욕구 때문에
- 위험을 많이 경험해보지 못해서
- 어떤 물건이 위험한지를 잘 몰라서
- 경고나 설명을 이해하기에 언어 발달이 덜 되어서
- 새로운 것을 보고 느끼고 맛보는 데 흥분해서
- 주변 환경이 안전하다고 믿기 때문에
- 배우는 것을 좋아해서

그렇다면, 당신은 이 발달단계에 대해 당신이 아는 지식을 적용해서 아이가 왜 위험한 행동을 하는지 알아낸 것입니다.

이번에는 이렇게 상상해보세요.

아이가 집안을 누비고 다니다가 테이블 위에 놓여 있는 그릇을 보았습니다. 그 그릇은 당신의 어머니가 물려주신 가장 소중하고 아끼는 핸드메이드 그릇입니다.

아이는 그릇을 보자마자 그릇을 향해 손을 뻗었고 그릇은 바닥에 떨어져 깨집니다.

이 상황에 어떻게 대처해야 할지, 이 시기에 대해 3장에서 읽었던 내용에 대해 생각해보시기 바랍니다. 그리고 왜 아이가 당신이 가장 아끼는 그릇을 떨어뜨렸을지에 대해 최대한 많은 이유를 써보시기 바랍니다.

혹시 다음과 같은 이유를 찾으셨나요?

- 어떤 물건이 깨지는 물건인지 잘 몰라서
- 당신이 그 그릇을 얼마나 아끼는지 이해하지 못해서
- 자신의 행동이 어떤 일을 일으킬지 몰라서
- 만지면서 배우기 위해
- 탐색하고자 하는 강한 욕구 때문에
- 경고나 설명을 이해하기에는 언어가 덜 발달해서
- 새로운 것을 보고 흥분해서
- 주변 환경이 안전하다는 믿음 때문에
- 배우는 것을 좋아해서

그렇다면, 당신은 이 발달시기에 대해 당신이 알고 있는 지식을 적용해 아이가 왜 당신이 아끼는 물건을 깨뜨렸는지 알아낸 것입니다.

어린아이는 당신을 화나게 하기 위해 물건을 만지거나 떨어뜨리는 것이 아니라는 것을 기억하시기 바랍니다. 아이는 어떤 물건이 자신을 다치게 할지, 당신이 어떤 물건을 소중히 생각하는지, 어떤 물건이 깨지는지에 대해 전혀 알지 못합니다. 아이는 돈의 개념에 대해서도 모르기 때문에 어떤 물건이 얼마의 값어치가 있는지도 모릅니다.

아이가 물건을 만지고 떨어뜨릴 때,
아이는 아이의 세상에 대해 배우는 것입니다.

이번에는 이렇게 상상해보세요.

비가 오는 날입니다. 당신은 아이를 병원에 데려가야 합니다. 곧 버스가 도착할 시간이고, 당신이 아이에게 비옷을 입히려고 하지만 아이는 입기 싫어합니다. 아이는 "싫어!"라고 외치며 당신에게서 멀리 달아납니다. 당신은 점점 짜증이 납니다.

제 3장에서 읽었던 유아기의 발달에 대해 잠시 생각해보시기 바랍니다. 그리고 아이가 왜 비옷을 입기 싫어하는지에 대해 최대한 많은 이유를 써 보시기 바랍니다.

혹시 다음과 같은 이유를 찾으셨나요?

- 스스로 하고 싶어 하는 강한 욕구 때문에
- 시간 개념에 대한 이해가 없어서
- 왜 비옷을 입어야 하는지 이해하지 못해서
- 왜 버스를 놓치면 안 되는지 이해하지 못해서
- 왜 지금 출발해야 하는지 이해하지 못해서
- 아이가 중요하게 하고 있던 일에 방해를 받아서
- 자신이 입고 싶은 옷을 스스로 고르고 싶어서
- 비를 맞았을 때의 불편함에 대한 경험이 없어서
- 부모가 화가 나 있는 것 같아 아이도 불안해져서
- 비옷을 입었을 때 느낌이 싫어서
- 이 시기의 발달단계에 보이는 지극히 평범한 거절

그렇다면 당신은 왜 아이가 당신에게는 필요하고 지극히 당연하며 중요한 일을 때때로 거절하는지를 유아기의 발달단계를 적용하여 알아낸 것입니다.

만 2~3세

이 시기의 아이들은 대부분 두려움에 대해 알게 됩니다. 부모가 자리를 비울 때마다, 또는 낯선 사람들을 만날 때마다 아이들이 우는 것은 부모에게 큰 스트레스가 될 수 있습니다.

상상해보세요.

아이는 밤에 잠자리에 드는 것을 거부합니다. 당신이 방을 떠나면 아이는 울고 또 울어댑니다. 당신은 쉽게 잠들지 않는 아이에게 점점 더 지쳐가고 있습니다.

이 시기의 발달단계에 대해 3장에서 읽었던 내용을 생각해보시기 바랍니다. 그리고 왜 아이가 잠을 자기 싫어하는지에 대해 최대한 많은 이유를 써보시기 바랍니다.

혹시 다음과 같은 이유를 찾으셨나요?

- 무서운 괴물이 계속 상상되어서
- 상상과 현실의 차이점을 구분하지 못해서
- 그림자는 귀신이고, 이상한 소리는 침입자, 바람은 무서운 존재라는 믿음 때문에
- 방 안에 있는 그림이 살아있다는 믿음 때문에
- 어둠 속에 혼자 있을 때 위험하다 느껴져서
- 부모가 방을 나갔다가 다시 돌아올 것을 이해하지 못해서
- 두려움을 말로 표현하지 못해서
- 부모가 화가 난 것 같아 불안해서

그렇다면, 당신은 이 발달시기에 대해 알고 있는 지식을 적용해서 아이가 왜 밤에 자기 싫어하는지 알아낸 것입니다.

이번에는 이렇게 상상해보세요.

아이는 공을 가지고 노는 것을 아주 좋아합니다. 아이는 공을 튀기고 굴리고, 공 위에 앉기도 하고 던지기도 하는 것을 너무나 좋아합니다.

어느 날, 아이와 함께 마트에 갔는데 커다란 빨간 공이 있습니다. 아이는 신이 나서 소리를 꽥 지르며 선반에서 공을 꺼내 들고는 앞서 뛰어갑니다. 당신은 공을 살 돈이 부족합니다. 그래서 아이를 쫓아가서 공을 제자리에 두라고 얘기합니다. 그러자 아이는 울기 시작하며 떼를 씁니다.

이 시기의 발달단계에 대해 3장에서 읽었던 내용에 대해 생각해보시기 바랍니다. 그리고 왜 아이가 떼를 쓰는지에 대해 최대한 많은 이유를 써보시기 바랍니다.

혹시 다음과 같은 이유를 찾으셨나요?

- 시장이나 가게, 돈에 대한 개념이 부족해서
- 왜 그 공이 자기 것이 아닌지 이해하지 못해서
- 자기감정을 말로 표현하지 못해서
- 당신의 감정을 이해하지 못해서
- 자기주도적으로 행동하려는 강한 욕구가 있어서
- 자기의 세상을 원하는 대로 통제하려는 욕구가 있어서

그렇다면, 당신은 이 발달시기에 대해 알고 있는 지식을 적용해서 아이가 왜 떼를 쓰는지를 알아낸 것입니다.

만 3~5세

이 시기에 아이들은 굉장히 호기심이 많습니다. 모든 일이 어떻게 돌아가고 왜 그렇게 되는지 알고 싶어 합니다. 여러 가지 물건들을 가지고 실험해보기를 좋아합니다.

상상해보세요.

아이가 수납장을 열어 그 속의 물건들을 꺼내어서는 어질러놓았습니다. 게다가 어떤 물건은 망가졌습니다. 당신은 슬슬 화가 나기 시작합니다.

이 시기의 발달단계에 잠시 생각해보시기 바랍니다. 그리고 왜 아이가 이렇게 행동했을지에 대한 이유를 최대한 많이 써보시기 바랍니다.

혹시 다음과 같은 이유를 찾으셨나요?

- 일이 어떻게 돌아가는지 알고 싶은 마음이 매우 커서
- 물건들을 만져보면서 배우는 것을 좋아해서
- 주변 세상에 대해 배우고 싶은 자연스런 욕구 때문에
- 무작정 놀고 싶어서
- 이 놀이에 푹 빠져버리는 기질이어서
- 어떤 물건이 망가질지 예측하지 못해서
- 물건을 망가뜨리면 왜 안 되는지 이해를 하지 못해서

그렇다면, 당신은 이 발달시기에 대해 당신이 알고 있는 지식을 적용해서 아이가 왜 물건을 망가뜨릴 만한 행동을 했는지 알아낸 것입니다.

이번에는 이렇게 상상해보세요.

당신은 직장에 출근할 준비를 하는 중입니다. 아이는 자기가 가장 좋아하는 장난감을 가지고 조용히 놀고 있습니다. 당신이 출발할 준비가 되어서 아이에게 갈 시간이라고 말하지만, 아이는 놀이를 멈추지 않습니다.

당신이 아이에게 한 번 더 말해도 아이는 멈추지 않습니다. 당신은 슬슬 짜증이 나고 화가 나기 시작합니다.

잠깐 멈춰서 이 시기의 발달단계에 대해 당신이 아는 내용을 잠시 생각해보시기 바랍니다. 그리고 왜 아이가 당신의 말을 듣지 않는지에 대한 이유를 최대한 많이 써보시기 바랍니다.

혹시 다음과 같은 이유를 찾으셨나요?

- 놀고 싶은 강력한 욕구 때문에
- 놀이에 심취해 있어서
- 지금 하는 놀이가 아이에겐 매우 중요해서
- 지금 하는 놀이를 마무리 짓고 싶어서
- 왜 지금 당장 출발해야 하는지 이해하지 못해서
- 아직 부모의 입장에 서서 생각할 수 없기 때문에
- 중요한 활동 중간에 방해받는다고 느껴지기 때문에

그렇다면, 당신은 이 발달시기에 대해 당신이 알고 있는 지식을 적용해서 아이가 왜 놀이를 멈추고 당신과 함께 나서지 않는지 알아낸 것입니다.

이번에는 이렇게 상상해보세요.

당신은 저녁을 준비 중이며 지금 무척 피곤한 상태입니다. 모든 재료를 손질해놓고 요리를 할 준비가 되었습니다. 그때 아이가 자기도 돕고 싶다고 합니다. 당신은 아이가 도우면 저녁을 준비하고 치우는 시간이 더 오래 걸릴 것이라는 사실을 알고 있습니다.

당신은 혼자 저녁을 빨리 준비하고 싶어서 아이가 도와주겠다는 것을 제지합니다. 하지만 아이는 계속 도와주겠다고 고집합니다. 그리고 당신은 점점 스트레스를 받고 있습니다.

이제 이 시기의 발달단계에 대해 당신이 아는 내용을 잠시 생각해보시기 바랍니다. 그리고 왜 아이가 당신을 돕고자 고집하는지에 대한 이유를 최대한 많이 써보시기 바랍니다.

혹시 다음과 같은 이유를 찾으셨나요?

- 새로운 기술을 익히고자 하는 강한 바람
- 새로운 도전을 완벽히 해내고자 하는 본능적인 욕구
- 재료를 다룰 때 느껴지는 즐거움
- 재료가 섞이고 요리될 때 무슨 일이 일어날지에 대한 궁금증
- 당신이 왜 도움을 원하지 않는지 이해하지 못함
- 당신의 입장에서 이 상황을 이해하지 못함
- 어른들이 하는 중요한 일을 하고 싶어 하는 욕구
- 당신처럼 되고 싶어 하는 마음

그렇다면, 당신은 이 발달시기에 대해 당신이 알고 있는 지식을 적용해서 아이가 왜 돕겠다고 고집을 피우는지 알아낸 것입니다.

이번에는 이렇게 상상해보세요.

당신은 마당에서 일을 하고 있고, 아이는 근처에서 공을 가지고 놀고 있습니다. 차가 오고 있는 찰나에 공이 갑자기 도로로 굴러갑니다. 그리고 아이는 공을 주우러 도로로 뛰어나갑니다. 당신은 아이가 차에 치일까 겁에 질려 뛰어가서 아이를 잡습니다. 그리고 아이가 다시는 이런 행동을 하면 안 된다는 것을 확실히 가르쳐야 된다고 생각합니다.

이 상황에 반응하시기 전에, 이 시기의 발달단계에 대해 당신이 아는 내용을 잠시 생각해보시기 바랍니다. 그리고 왜 아이가 도로로 뛰어들었을지에 대한 이유를 최대한 많이 써보시기 바랍니다.

혹시 다음과 같은 이유를 찾으셨나요?

- 자동차 같은 물체에 부딪쳐본 경험이 없어서
- 자신보다 훨씬 큰 자동차의 크기와 힘을 이해하지 못해서
- 움직이는 차가 몸에 가할 충격을 이해하지 못해서
- 운전자의 입장과 시각을 알 수 없어서
- 심각한 부상을 입는 것이 무엇인지 이해하지 못해서
- 죽음과 그것의 영구성에 대해 이해하지 못해서
- 놀이에 심취하면 다른 모든 것을 의식하지 못해서

그렇다면, 당신은 이 발달시기에 대해 당신이 알고 있는 지식을 적용해서 아이가 왜 도로로 뛰어들었는지에 대해 알아낸 것입니다.

만 5~9세

이제 아이는 학교라는 새로운 세상에 들어갔습니다. 아이의 세상에 큰 변화가 생겼으며 더 다채롭고 복잡한 생활이 시작되었습니다.

상상해보세요.

어느 날 당신은 아이의 선생님에게서 학교생활에 문제가 있다는 소식을 들었습니다. 자리에 가만히 앉아 있지 못하고 과제를 마치는 데 시간이 오래 걸린다고 선생님은 말씀하십니다.

아이가 학교생활을 잘해나가는 것은 당신에게 중요한 일입니다. 아이가 집에 오기 전에 아이를 어떻게 대할지 생각해봐야 합니다.

이 시기의 발달단계와 아이의 기질에 대해 당신이 아는 내용을 생각해보시기 바랍니다. 그리고 왜 아이가 학교에서 그렇게 행동했을지에 대한 이유를 최대한 많이 써보시기 바랍니다.

혹시 다음과 같은 이유를 찾으셨나요?

- 아이가 활동량이 많아 한자리에 가만히 있기 힘들어서
- 아이가 활동량이 많아 조용한 활동을 하면 지루해해서
- 생활 리듬이 불규칙한 아이가 매일 같은 일과를 하기 힘들어서
- 아이를 늦게 잠들게 만드는 환경 때문에 다음날 피곤해서
- 학교 스케줄과 맞지 않는 시간에 공복감을 느껴서
- 새로운 상황과 사람들에 대한 관심 때문에
- 새로운 기대와 규칙, 교실에서의 일과에 적응하기 힘들어서
- 주변에 일어나는 모든 일을 알고 싶어 하는 호기심 때문에
- 하는 일에 바로 성공하지 못하면 쉽게 관심을 잃기 때문에
- 사회관계와 친구를 사귀는 데 관심이 높아서

그렇다면, 당신은 이 발달시기에 대해 당신이 알고 있는 지식과 아이의 기질을 고려하여 아이가 왜 선생님이 걱정할 만한 행동을 하게 되었는지 알아낸 것입니다.

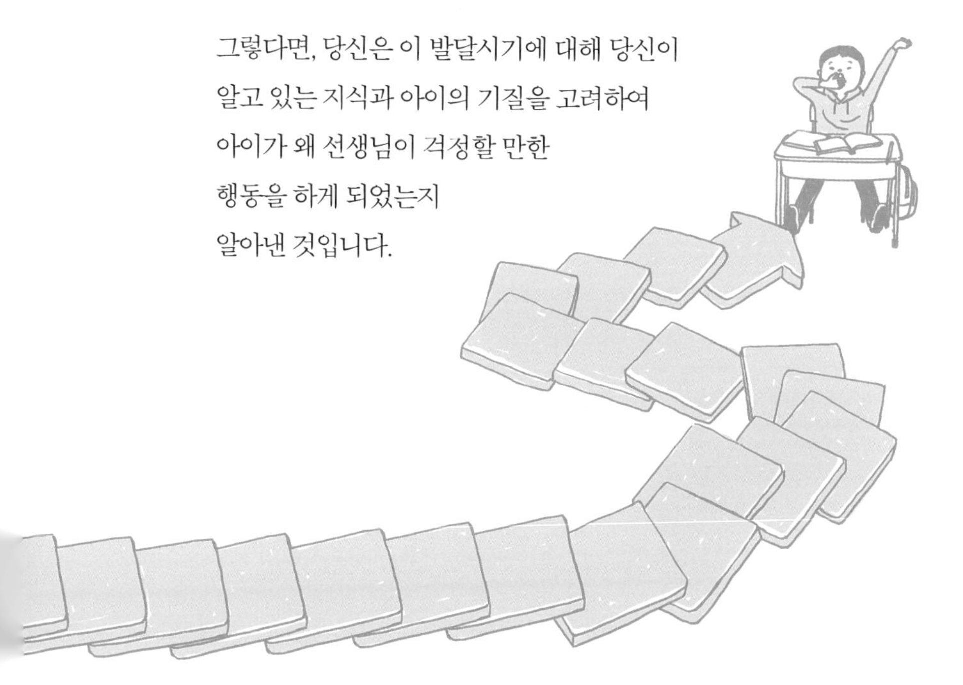

이번에는 이렇게 상상해보세요.

아이가 친구와 함께 동물 장난감을 가지고 놀고 있습니다. 말 장난감이 한 개밖에 없는데 둘 다 그 장난감을 원합니다. 아이의 친구가 말 장난감을 가져가자, 아이는 친구를 때리고 그것을 빼앗습니다. 친구는 울며 화를 냈고, 결국 잘 놀던 두 아이들은 어느새 시끄럽게 싸웁니다. 당신은 아이들의 싸움을 말리고 아이에게 때리지 말라고 가르쳐야 할 것 같습니다.

하지만 우선 아이의 행동에 반응하기 전에, 아이의 발달단계와 기질에 대해 생각해보시기 바랍니다. 아이가 왜 친구를 때렸을 지에 대해 최대한 많은 이유를 써보시기 바랍니다.

혹시 다음과 같은 이유를 찾으셨나요?

- 갈등에 대처해본 경험이 부족해서
- 다른 아이의 입장이 되어보는 것이 아직은 안 되기 때문에
- 감정을 말로 표현하는 것이 힘들어서
- 충동을 조절하는 것이 힘들어서
- 불만에 격하게 반응하는 아이의 기질 때문에
- 부모가 화가 나거나 불만스러울 때 다른 사람을 때리는 것을 본 경험이 있어서

그렇다면, 당신은 이 발달시기에 대해 당신이 알고 있는 지식과 아이의 기질을 고려해 아이가 왜 다른 아이를 때리거나 싸우는지에 대해 알아낸 것입니다.

만 10~13세

이 시기의 아이에게 사회관계와 또래관계는 점점 더 중요한 자리를 차지합니다. 아이들은 친구들과의 관계를 키우고 친구들과 갈등도 경험하게 됩니다. 아이들은 자신이 누구이며, 어떤 사람이 되고 싶어 하는지에 대해서도 생각하게 됩니다.

상상해보세요.

아이가 학교에서 기분이 몹시 안 좋은 상태로 돌아왔습니다. 아이는 당신과 얘기하고 싶지 않아하며, 불만 가득한 소리를 냅니다. 당신은 아이가 버릇이 없다고 느끼고 아이의 행동에 기분이 상했습니다. 그리고 아이에게 그런 식으로 말하면 안 된다고 가르치고 싶습니다.

아이를 야단치기 전에, 아이의 발달단계에 대해 당신이 아는 지식에 대해 생각해보시기 바랍니다. 그리고 왜 아이가 이런 식으로 행동하는지에 대해 최대한 많은 이유를 써보시기 바랍니다.

혹시 다음과 같은 이유를 찾으셨나요?

- 하루 종일 복잡한 사회관계에서 오는 스트레스 때문에
- 선생님의 기대에 부응해야 한다는 걱정을 안고 학교생활을 했기 때문에
- 학습장애가 있거나 비효율적인 교육 방식으로 인해 특정 과목이 어렵게 느껴져서
- 시험을 못 볼까 봐 걱정돼서
- 부모가 자신의 학교성적에 실망해서 화를 낼까 두려워서
- 다른 아이들로부터 따돌림을 당해서
- 친구로부터 거절당하거나 반 친구들로부터 소외되어서
- 우정이나 의리를 시험당하는 상황에 빠져 있어서
- 두려움과 걱정을 표현하는 것이 힘들어서
- 부모가 반대하는 일을 하라고 친구들이 강요해서
- 자신의 문제를 스스로 해결하고 싶어서
- 부모에게 자신의 불만을 풀어내어 안정감을 얻고 싶어서
- 잠이 부족하고 피곤해서 학교생활을 잘해내지 못했기 때문에
- 이 시기에 필요한 영양을 충분히 공급받지 못해서
- 아이의 기분에 영향을 미치는 호르몬의 변화 때문에

그렇다면, 당신은 이 발달시기에 대해 당신이 알고 있는 지식과 아이의 기질을 적용해서 아이가 왜 슬프거나 화가 났는지 알아낸 것입니다.

만 14~18세

이 시기에 아이는 자신이 어떤 사람이며 어른이 되었을 때 어떤 사람이 되고 싶은지 결정하게 됩니다.

상상해보세요.

아이는 이제까지 늘 당신이 수긍할 수 있는 옷차림을 해왔습니다. 그런데 어느 날, 아이는 눈썹에 피어싱을 하고 머리를 뾰족뾰족 세우고, 저속한 문구가 적힌 옷을 입고 나타났습니다. 당신은 충격을 받았고 아이의 차림새가 부끄럽다고 생각합니다. 지금 당장 아이의 옷을 갈아입히고, 머리를 감기고, 피어싱을 빼고 싶습니다.

그러나 놀라기 전에 아이의 발달단계에 대해 생각해보시기 바랍니다. 그리고 왜 아이가 갑자기 당신이 반대하는 방식으로 옷을 입고 싶어 하는지에 대한 이유를 최대한 많이 써보시기 바랍니다.

혹시 다음과 같은 이유를 찾으셨나요?

- 자신의 개성을 표현하고자 하는 강한 욕구 때문에
- 부모로부터 분리해서 자신이 누구인지 알고 싶어서
- 부모님보다는 친구들과 어울리는 것이 더 중요하기 때문에
- 누군가에게 통제되기보다 자기주도적이라고 느끼고 싶어서
- 자신의 취향이나 신념, 선호를 표현하고 싶어서
- 자신에게 가장 잘 맞는 개성을 찾기 위해 여러 가지를 시도해보고자

그렇다면, 당신은 이 발달시기에 대해 당신이 알고 있는 지식과 아이의 기질을 적용해서 아이의 겉모습에 왜 갑자기 변화가 있었는지 알아낸 것입니다.

이번에는 이렇게 상상해보세요.

아이는 열일곱 살이고 주말에는 밤 10시 통금시간이 있습니다. 현재 시각은 토요일 밤 10시 반, 아이는 아직 집에 오지 않았습니다.

아이는 당신이 모르는 친구의 생일파티에 갔습니다. 파티 장소가 집에서 먼데다 정확히 어디인지 모르기 때문에 당신은 매우 걱정이 됩니다. 그리고 어쩌면 파티에서 술을 마실지도 모른다는 생각이 듭니다.

당신이 걱정과 두려움과 화로 폭발하려는 찰나에 아이가 집으로 돌아왔습니다. 폭발하기 전에, 아이의 발달단계에 대해 생각해보시기 바랍니다. 그리고 아이가 왜 이런 상황에서 집에 늦게 왔을지에 대해 최대한 많은 이유를 작성해보시기 바랍니다.

혹시 다음과 같은 이유를 찾으셨나요?

- 위험한 일이 자신에게 일어나지 않을 거라는 믿음 때문에
- 다칠 수도 있다는 사실에 대해 부모가 얼마나 걱정하는지 이해하지 못해서
- 독립적이고 싶고 자기 스스로 결정하고 싶어서
- 친구들에게 "싫어"라고 말할 수 있는 자신감이 없어서
- 자신이 다 컸다는 것을 자신과 친구들에게 보여주고 싶어서
- 자신이 독립적인 사람임을 부모에게 보여주고 싶어서
- 자신이 필요로 하는 것과 가치관을 더 잘 주장하고 싶어서

그렇다면, 당신은 이 발달시기에 대해 당신이 알고 있는 지식을 적용해서 아이가 왜 이런 위험한 상황에서 집에 늦게 왔는지에 대해 알아낸 것입니다.

5장

'긍정적으로 아이 키우기'로 대응하기

당신은 장기적인 양육 목표를 발견했고 '긍정적으로 아이 키우기'를 통해 스스로 무엇을 이루고 싶은지도 잘 알고 있습니다. 그 목표를 이루기 위해 아이에게 따뜻함과 구조화를 제공하는 것이 얼마나 중요한지도 충분히 이해하고 있지요.

당신은 아이가 각기 다른 연령대에 따라 어떻게 생각하고 느끼는지 이해하고, 어떻게 따뜻함과 구조화를 제공해야 하는지 알고 있습니다. 아이가 왜 특정 행동을 하는지 연습문제를 풀면서 그 이유를 알아낼 수도 있었습니다.

이제는 이 모든 정보를 합쳐 아이의 발달단계를 고려하여 양육의 장기적 목표에 이를 수 있는 방법을 시도해볼 차례입니다.

이번 장에서는 4장에서 언급한 힘든 상황에 대해 다시 이야기해보고, 그런 상황에 닥쳤을 때 '긍정적으로 아이 키우기'로 어떻게 대응할 수 있는지 알아보겠습니다.

1단계 - 장기적 목표 기억하기

1장에서 발견한 장기적 목표를 다시 한번 살펴보겠습니다. 아이가 스무 살이 되었다고 상상해보세요. 아이가 처하게 될 상황, 선택해야 할 결정, 직면하게 될 어려움에 대해 생각해보시기 바랍니다.

아이가 어른이 되었을 때 어떤 성향의 사람이 되기를 바라시나요? 당신이 중요하다고 생각하는 성향을 모두 적어보시기 바랍니다.

'긍정적으로 아이 키우기'의 목적은 당신의 장기적 목표에 이를 수 있는 방법으로 아이의 행동에 반응하는 것입니다. 더 효과적으로 '긍정적으로 아이 키우기'를 할 수 있으려면 항상 머릿속에 장기적 목표가 있어야 합니다.

물론 장기적 목표는 잊고 단기적 목표만 생각하게 만드는 상황이 일어날 수 있지요. 그럼에도 장기적 목표를 지표로 삼는다면 오히려 단기적인 문제에도 좀 더 효율적으로 대응할 수 있을 것입니다.

아이는 지속적으로 발달하고 자라나며, 배우고 변화하는 중이라는 사실을 기억하시기 바랍니다. 언제까지나 밤새도록 울면서, 눈에 보이는 대로 집어서 입안에 넣지는 않을 것입니다. 이런 것들은 단기적인 문제입니다. 그런 문제들에 부모가 올바르게 반응한다면, 장기적 목표를 달성하는 길로 나아갈 수 있을 것입니다.

2단계 - 따뜻함과 구조화에 집중하기

2장에서 연습해본 '아이에게 따뜻함과 구조화를 제공할 수 있는 방법'에 대해 다시 한번 생각해보겠습니다.

먼저 애정, 안전함, 존중, 이해 등 아이에게 따뜻함을 주는 방법에 대해 생각해보세요. 생각할 수 있는 가능한 많은 방법들을 적어보시기 바랍니다.

이번에는 아이에게 정보, 가이드라인, 지원 등 구조화를 제공하는 방법에 대해 생각해보시기 바랍니다. 생각할 수 있는 최대한 많은 방법들을 적어보세요.

3단계 - 아이가 어떻게 생각하고 느끼는지 고려하기

3장에서는 아이의 발달이 어떻게 일어나는지 살펴보았습니다. 처음 태어났을 때, 아이는 세상에 대한 어떠한 지식이나 이해도 없습니다. 살아가며 경험을 통해 차근차근 배우게 되지요.

아이는 자라면서 스스로 이해력과 자주성을 갖추기 위해 노력합니다. 부모에게 불만을 품는 것이나 어른들이 도전적이라고 여기는 행동 대부분은 단지 세상을 이해하고 자주성을 기르려는 시도일 뿐입니다.

우리가 아이의 입장에서 상황을 본다면, 이 두 가지를 얻기 위해 필요한 따뜻함과 구조화를 어떻게 제공해주어야 하는지 알 수 있을 것입니다.

4단계 - 문제 해결하기

4장에서는 아이가 하는 행동이 아이의 입장에서는 어떠한지 알아보기 위해서 당신이 알고 있는 아동발달에 관한 지식을 조합하여 생각해보았습니다.

부모의 관점에서 보면 아이가 하지 말았으면 하는 행동을 할 때 불만이 생기고 화가 납니다. 가끔은 '부모를 화나게 하려고 일부러 그런 행동을 하나' 싶기도 합니다.

하지만 아이들은 부모를 화나게 하려고 그런 행동을 하는 게 아닙니다. 어른이 화를 내면 자신이 너무나 작고 약하다고 느낍니다. 그리고 어른과 마찬가지로 자신도 그러한 기분을 느끼는 게 썩 좋지 않지요.

보통 아이들이 부모가 원치 않는 일을 하는 것은 이해가 부족해서이고, 어떤 사안에 대해 스스로 결정을 내리고 싶어 하기 때문입니다. 아이의 발달단계를 고려한다면 부모는 아이를 좀 더 이해할 수 있고 옳은 결정을 하도록 도와줄 수 있을 것입니다.

5단계 - '긍정적으로 아이 키우기'를 실행하기

이제는 어려운 상황에 어떻게 대응할 수 있는지 단계별로 알아볼 차례입니다.

새로운 방식을 시도하고 실천하는 일에는 수많은 연습과 반복이 필요합니다. 우리는 다음 연습문제를 통해 각각 다른 상황이지만 같은 질문에 답하는 연습을 할 것입니다.

현실에서 대응하는 방법을 바꾸기 위해 충분히 연습을 하고 싶다면 앞으로 나올 모든 상황에 대한 질문에 충실히 답해야 합니다. 이런 문제는 계속 반복될 테니까요. 이것은 '긍정적으로 아이 키우기'를 잘 실행하기 위해 꼭 필요한 단계입니다.

질문을 잘 생각하고 당신의 응답이 어떻게 아이의 행동에 영향을 끼칠 수 있는지 생각해보시기 바랍니다.

4장에 언급되었던 장기적 목표를 기억하고, 따뜻함과 구조화를 제공해 아이의 관점을 고려하는 것이 어떻게 보다 발전적인 대응에 도움이 되는지 알아보겠습니다.

상황

태어난 지 10주 된 아기가 5분 넘게 울고 있습니다.

어떻게 해야 할까요? 다음을 잘 읽고 어떤 것이 가장 좋은 대응 방법이며 그 이유가 무엇일지 생각해보시기 바랍니다.

1. 우는 행동에 벌을 주기 위해 아기를 흔든다.

2. 무시하고 실컷 울도록 놔둔다.

3. 수유를 하거나 기저귀를 갈거나 안아주거나 노래를 불러준다.

1단계 – 장기적 목표 기억하기

이 상황과 관련한 당신의 장기적 목표는 어떤 것들이 있나요?

장기적 목표로 이끌어줄 대응 방법에 체크해보세요.

1. 아기 흔들기 ☐

2. 무시하기 ☐

3. 수유, 기저귀 갈기, 안아주기, 노래 불러주기 ☐

이제 각 대응 방법을 우리가 아는 '따뜻함'의 내용과 비교해보겠습니다. 각 방법이 아래의 조건에 해당하는지 체크해보세요.

	1	2	3
• 정서적 안정감 주기	☐	☐	☐
• 무조건적인 사랑을 보여주기	☐	☐	☐
• 보살펴주기	☐	☐	☐
• 아이의 발달단계를 존중하기	☐	☐	☐
• 아이가 필요한 것에 세심하게 신경 쓰기	☐	☐	☐
• 아이의 감정에 공감하기	☐	☐	☐

이 시기의 아기들에게는 구조화를 제공할 필요가 없으며 도움도 되지 않습니다. 아기들은 아직 언어나 추론을 할 수 있는 능력이 없어서 부모의 기대치나 규칙, 설명 등을 이해하지 못하기 때문입니다.

3단계 – 아이가 어떻게 생각하고 느끼는지 고려하기

이 연령대의 아기들은 왜 울까요?

4단계 – 문제 해결하기

이제 아래의 항목들을 우리가 아는 아이들의 발달단계에 대한 지식과 비교해보겠습니다. 다음의 항목 중 발달단계를 고려하여 이 시기의 아이에게 해야 할 행동을 체크해보세요.

1. 아기 흔들기 ☐

2. 무시하기 ☐

3. 수유, 기저귀 갈기, 안아주기, 노래 불러주기 ☐

5단계 – '긍정적으로 아이 키우기'를 실행하기

당신의 장기적 목표에 대해 생각해보고, 아기에게 따뜻함을 줄 수 있는 방법과 아이의 발달단계에 대해 생각해보았습니다. 당신은 어떤 방법을 고르시겠습니까?

만약 3번을 고르셨다면, 축하드립니다!
이제 당신은 긍정적으로 양육할 수 있는 능력을 기르는 길에 들어섰습니다.

산후우울증

갓 태어난 아기는 엄마의 인생에 큰 변화를 가져옵니다. 가끔 엄마들은 먹고 싶을 때 먹고, 자고 싶을 때 자고, 나가고 싶을 때 나갈 수 있었던 아기가 없던 시절을 그리워하기도 합니다. 이제 막 엄마가 된 사람들은 때로 아기를 돌봐야 하는 부담감에 짓눌리기도 합니다.

아기로 인한 생활의 변화 외에도 엄마들은 큰 신체적 변화를 겪게 됩니다. 출산 후 몸의 빠른 회복과 모유 생성을 위해 엄마의 호르몬은 계속 변화합니다.

엄마들은 아기를 사랑하지만, 이런 생활의 변화와 신체 변화로 인해 우울해질 수도 있습니다. 이런 우울증은 이상한 일이 아닙니다. 이런 감정을 겪는다고 해서 자신이 나쁜 엄마이거나 나쁜 사람이라는 뜻도 아닙니다. 단지 엄마가 되면서 겪는 커다란 변화의 자연스러운 반응일 뿐입니다.

하지만 만약 자주 울고, 우울한 기분이 들며, 기운이 없고 아이에게 애착을 느끼지 못한다면 당장 의사나 상담사 같은 전문가를 만나봐야 합니다. 당신은 지금 도움이 필요합니다. 대화를 나눌 사람을 만나 당신만을 위한 시간을 가져야 합니다. 산후우울증에 대해 알아보고 다른 엄마들과 소통하는 것도 도움이 될 것입니다.

어떤 경우에는 우울증이 꽤 심각해질 수도 있습니다. 만약 아이에게 이질감을 느끼거나 아이를 해치고 싶다는 생각까지 든다면 바로 의사에게 말씀하시기 바랍니다. 치료를 할 수 있는 방법이 있습니다.

6~12개월

상황 1

태어난 지 6개월 된 아기가 30분 가까이 울고 있습니다. 당신은 어떻게 해야 할까요?

다음을 잘 읽고 어떤 것이 가장 좋은 대응 방법이며 그 이유가 무엇일지 생각해보시기 바랍니다.

1. 밤에 울면 안 된다는 것을 가르치기 위해 엉덩이를 때린다.

2. 받아주면 아이가 버릇이 없어지니 그냥 무시한다.

3. 수유를 하거나 기저귀를 갈거나 안아주거나 노래를 불러준다.

1단계 – 장기적 목표 기억하기

이 상황과 관련한 당신의 장기적 목표는 어떤 것들이 있나요?

장기적 목표로 이끌어줄 대응 방법에 체크해보세요.

1. 엉덩이 때리기 ☐

2. 무시하기 ☐

3. 수유, 기저귀 갈기, 안아주기, 노래 불러주기 ☐

각 대응 방법을 우리가 아는 '따뜻함'의 내용과 비교해보겠습니다. 각 방법이 아래의 조건에 해당하는지 체크해보세요.

	1	2	3
• 정서적 안정감 주기	□	□	□
• 무조건적인 사랑을 보여주기	□	□	□
• 보살펴주기	□	□	□
• 아이의 발달단계를 존중하기	□	□	□
• 아이가 필요한 것에 세심하게 신경 쓰기	□	□	□
• 아이의 감정에 공감하기	□	□	□

이 시기의 아기들에게는 구조화를 제공할 필요가 없습니다. 그다지 도움이 되지 않습니다. 아기들은 언어나 추론을 할 수 있는 능력이 없어서 부모의 기대치나 규칙, 설명 등을 이해하지 못하기 때문입니다.

3단계 – 아이가 어떻게 생각하고 느끼는지 고려하기

이 연령대의 아기들은 왜 울까요?

4단계 – 문제 해결하기

아래의 항목들을 우리가 아는 아이들의 발달단계에 대한 지식과 비교해보겠습니다. 다음의 항목 중 발달단계를 고려하여 해야 할 행동을 체크해보세요.

1. 엉덩이 때리기 ☐

2. 무시하기 ☐

3. 수유, 기저귀 갈기, 안아주기, 노래 불러주기 ☐

5단계 – ‘긍정적으로 아이 키우기’를 실행하기

당신의 장기적 목표, 그리고 아기에게 따뜻함을 줄 수 있는 방법과 아이의 발달단계에 대해 생각해보았습니다. 당신은 어떤 방법을 고르시겠습니까?

만약 3번을 고르셨다면, 잘하셨습니다!

“아이들은 모든 신체적 폭력으로부터 보호받을 권리가 있다.”
_유엔아동권리협약 제19조

아기의 울음

아기를 돌보는 것은 매우 피곤한 일입니다. 가끔 아기가 울음을 멈추지 않을 때면, 아기를 흔들거나 때리고 싶은 생각이 들지도 모릅니다.

그러나 아기를 흔들거나 때리는 것은 아기의 울음을 멈추게 하지 못할 뿐만 아니라

아이가 부모를 무서워하거나
멍이 들거나 뼈가 부러지는 등 다치거나
뇌가 손상되거나, 심할 경우
아이의 목숨을 잃게 할지도 모릅니다.

아기의 몸과 뇌는 아직 매우 약합니다.

절대 아기를 흔들거나 때리지 마세요!

아기가 울 때, 당신은 아기에게 당신이 곁에 있다는 것을 알려줘야 합니다. 아기는 품에 안겨 편안함을 느끼는 것이 필요합니다. 그런다고 아기가 응석받이가 되지는 않습니다.

하지만 매번 당신이 아기를 달랠 수는 없을 것입니다. 만약 너무 피곤하거나 스트레스를 받는다 싶으면 가족이나 친구, 의사나 주변 사람에게 도움을 요청하시기 바랍니다.

상황 2

아기가 시끄러운 소리를 내기 시작했습니다. 갑자기 목청을 높이면서 아무도 알아듣지 못하는 소리를 냅니다. 식당에서 점심식사를 하다가 아기에게 먹을 것을 주려는 찰나에 아기가 크게 소리를 지릅니다.

당신은 어떻게 해야 할까요? 다음을 잘 읽고 어떤 것이 가장 좋은 대응 방법이며 그 이유가 무엇일지 생각해보시기 바랍니다.

1. 소리를 질렀으니 음식을 먹을 수 없다고 말한다.

2. 소리 지르지 못하게 찰싹 때린다.

3. 부드러운 목소리로 아기를 진정시키고
   장난감으로 관심을 끌며 달랜다.

1단계 – 장기적 목표 기억하기

이 상황과 관련한 당신의 장기적 목표는 어떤 것들이 있나요?

장기적 목표로 이끌어줄 대응 방법에 체크해보세요.

1. 음식을 먹을 수 없다고 말한다. ☐

2. 찰싹 때린다. ☐

3. 부드러운 소리로 달래며 관심을 딴 데로 돌린다. ☐

이제 각 대응 방법을 우리가 아는 '따뜻함'의 내용과 비교해보겠습니다. 각 방법이 아래의 조건에 해당하는지 체크해보세요.

	1	2	3
• 정서적 안정감 주기	☐	☐	☐
• 무조건적인 사랑을 보여주기	☐	☐	☐
• 보살펴주기	☐	☐	☐
• 아이의 발달단계를 존중하기	☐	☐	☐
• 아이가 필요한 것에 세심하게 신경 쓰기	☐	☐	☐
• 아이의 감정에 공감하기	☐	☐	☐

이 시기의 아기들에게는 구조화를 제공할 필요가 없습니다. 그다지 도움이 되지 않습니다. 아기들은 언어나 추론을 할 수 있는 능력이 없어서 부모의 기대치나 규칙, 설명 등을 이해하지 못하기 때문입니다.

3단계 – 아이가 어떻게 생각하고 느끼는지 고려하기

이 연령대의 아기들은 왜 소리를 지를까요?

4단계 – 문제 해결하기

이제 아래의 항목들을 우리가 아는 아이들의 발달단계에 대한 지식과 비교해보겠습니다. 다음의 항목 중 발달단계를 고려하여 어떤 행동을 해야 할지 체크해보세요.

1. 음식을 먹을 수 없다고 말한다. ☐

2. 찰싹 때린다. ☐

3. 부드러운 소리로 달래며 관심을 딴 데로 돌린다. ☐

5단계 – '긍정적으로 아이 키우기'를 실행하기

당신의 장기적 목표에 대해 생각해보고, 아기에게 따뜻함을 줄 수 있는 방법과 아이의 발달단계에 대해 생각해보았습니다. 당신은 어떤 방법을 고르시겠습니까?

만약 3번을 고르셨다면, 잘하셨습니다!

"아이들은 가능한 최상의 건강상태와 충분한 영양가 있는 식품을 제공받을 권리가 있다."

_유엔아동권리협약 제24조

부모의 기분

부모의 기분은 아이의 행동에 어떻게 대응하는지와 밀접하게 연관되어 있습니다. 부모가 피곤하고, 스트레스를 받은 상태, 걱정거리가 있거나 무언가 불만스러운 상태라면 아이의 행동에 더 화가 날 것입니다. 가끔 부모들은 자신의 불만을 아이에게 쏟아내기도 합니다.

부모의 기분을 예상할 수 없을 때, 아이들은 불안함을 느끼고 걱정합니다. 자신의 어떠한 행동에 대해 부모가 어느 날은 받아주다가 또 다른 날에는 불같이 화를 낸다면 아이는 혼란스러울 겁니다. 부모가 다른 일로 걱정을 하고 있으면서 아이에게 화풀이를 한다면 아이는 불공평하다고 생각해 억울한 마음이 들겠지요.

부모가 화가 나 있거나 기분이 안 좋을 때, 아이들은 위협을 느끼거나 무서워합니다. 부모의 기분은 아이의 행동에 영향을 미치기 때문에, 부모가 자신의 기분을 알고 있는 것은 무척 중요합니다.

아이에게 분풀이를 하지 않도록 조심해야 합니다. 부모가 잠을 충분히 자고 영양가 높은 음식을 충분히 먹으며 일상생활의 스트레스를 이겨내는 일은 중요합니다.

자주 화가 나고 걱정, 슬픔 같은 감정이 들거나 스트레스를 받는다면 의사나 상담사 또는 도움이 될 만한 친구나 가족과 이야기를 나눠보아야 합니다. 아이에게 해가 되지 않도록 부모의 문제를 적극적으로 해결하는 것은 매우 중요한 일이기 때문입니다.

상황 1

매우 활동적인 아기가 온 집 안을 빠르게 돌아다닙니다. 가는 곳마다 손에 닿는 물건을 마구 만지고 있지요. 아이는 방금 테이블 위에서 본 가위를 집기 위해 손을 뻗었습니다.

당신은 어떻게 해야 할까요? 다음을 잘 읽고 어떤 것이 가장 좋은 대응 방법이며 그 이유가 무엇일지 생각해보시기 바랍니다.

1. 위험한 물건을 만지면 안 된다고 가르치기 위해 손을 때린다.

2. 가위에 가까이 가지 못하도록 큰소리로 혼내고 겁을 준다.

3. 부드럽게 가위를 뺏고, 차분하게 물건의 이름을 알려준 후 종이 자르는 것을 보여준다. 그리고 가위 때문에 다칠 수도 있다는 것을 설명해주고 안전한 곳에 보관하겠다고 말한다. 장난감 같은 것으로 아이의 관심을 돌린다.

1단계 – 장기적 목표 기억하기

이 상황과 관련한 당신의 장기적 목표는 어떤 것들이 있나요?

장기적 목표로 이끌어줄 대응 방법에 체크해보세요.

1. 손을 때린다. ☐

2. 큰소리로 혼낸다. ☐

3. 다정하게 물건의 이름을 알려주고, 용도를 보여주고, 잘못 하면 다칠 수도 있다는 것을 설명한 후 물건을 안전한 곳으로 옮기고 아이의 관심을 다른 데로 돌린다. ☐

2단계 - 따뜻함과 구조화에 집중하기

이제 각 대응 방법을 우리가 아는 '따뜻함'의 내용과 비교해보겠습니다. 각 방법이 아래의 조건에 해당하는지 체크해보세요.

	1	2	3
• 정서적 안정감 주기	☐	☐	☐
• 무조건적인 사랑을 보여주기	☐	☐	☐
• 보살펴주기	☐	☐	☐
• 아이의 발달단계를 존중하기	☐	☐	☐
• 아이가 필요한 것에 세심하게 신경 쓰기	☐	☐	☐
• 아이의 감정에 공감하기	☐	☐	☐

이제 각 대응 방법을 우리가 아는 '구조화'의 내용과 비교해보겠습니다. 각 방법이 아래의 조건에 해당하는지 체크해보세요.

	1	2	3
• 행동에 대한 명확한 가이드라인 주기	□	□	□
• 당신의 기대치에 대해 명확한 정보 주기	□	□	□
• 명확하게 설명해주기	□	□	□
• 아이의 학습을 지지하기	□	□	□
• 아이 스스로 생각하도록 격려하기	□	□	□
• 갈등 해결 능력을 가르치기	□	□	□

이 연령대의 아이들은 구조화에 대해 배우기 시작합니다. 자신이 말할 줄 아는 단어보다 더 많은 말을 이해하기 때문에, 설명을 해주면 배우기 시작합니다.

아이들이 알아야 하는 것들을 다 배우는 데 시간이 필요하다는 것을 기억하시기 바랍니다. 아직은 물건을 만져보며 배워야 할 때입니다.

3단계 – 아이가 어떻게 생각하고 느끼는지 고려하기

왜 이 시기의 아이들은 위험한 물건을 만질까요?

4단계 – 문제 해결하기

아래의 항목들을 우리가 아는 아이들의 발달단계에 대한 지식과 비교해보겠습니다. 다음의 항목 중 발달단계를 고려하여 어떤 행동을 해야 할지 체크해보세요.

1. 손을 때린다. ☐

2. 큰소리로 혼낸다. ☐

3. 다정하게 물건의 이름을 알려주고, 용도를 보여주고, 잘못하면 다칠 수도 있다는 것을 설명한 후 물건을 안전한 곳으로 옮기고 아이의 관심을 다른 데로 돌린다. ☐

5단계 – '긍정적으로 아이 키우기'를 실행하기

당신의 장기적 목표에 대해 생각해보고, 아기에게 따뜻함과 구조화를 제공해줄 수 있는 방법과 아이의 발달단계에 대해 생각해보았습니다. 당신은 어떤 방법을 고르시겠습니까?

만약 3번을 고르셨다면, 잘하셨습니다!

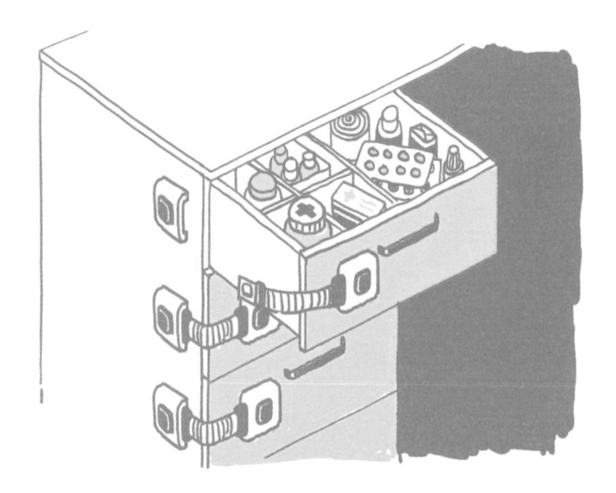

아이의 안전

어린아이들은 이곳저곳을 탐색해야 합니다. 아이들이 세상을 배워가는 방법이고, 뇌 발달을 위해서 꼭 필요한 과정입니다.

부모는 아이들을 안전하게 보호해야 합니다. 가장 좋은 방법은 아이에게 안전한 공간을 만들어주는 것이지요.

집 안을 기어 다녀보면서 아이의 시선에서 바라보세요. 혹시 날카로운 물건, 위험한 독성물질이나 깨질 만한 물건들이 있지는 않나요? 이런 물건들은 모두 높은 곳으로 옮기거나 찬장 안에 넣고 문을 잠그시기 바랍니다.

콘센트 덮개를 씌우세요.
칼과 공구를 안전한 곳에 보관하세요.
약을 안전한 곳에 보관하세요.
냄비 손잡이는 가스레인지의 중앙으로 향하게 두세요.
무거운 물건은 떨어지지 않게 주의해서 보관하세요.

아이가 집을 안전하게 탐색할 수 있도록 도와주시기 바랍니다.

상황 2

집 안을 돌아다니던 아기가 테이블 위에 놓인 그릇을 발견합니다. 아기는 당신이 가장 아끼는 그 핸드메이드 그릇을 손을 뻗어 잡고는 바닥으로 떨어뜨려서 깨뜨렸습니다.

당신은 어떻게 해야 할까요? 다음을 잘 읽고 어떤 것이 가장 좋은 대응 방법이며 그 이유가 무엇일지 생각해보시기 바랍니다.

1. 자신의 행동이 당신의 마음을 얼마나 아프게 했는지 보여주기 위해 화를 내며 소리치고 아기를 방으로 들여보낸다.

2. 엉덩이를 때리고 부모의 물건을 만지면 안 된다고 가르친다.

3. 슬픈 표정으로 엄마에게 특별한 그릇이 깨져서 너무 속상하다는 것을 설명해준다. 아이와 깨진 그릇을 붙여보면서, 물건이 한번 망가지면 다시 고치기 힘들다는 것을 설명한다. 귀중품이나 깨질 만한 물건을 아이의 손이 닿지 않는 곳에 보관한다. 아이와 같이 앉아서 물건을 조심히 다루는 법을 가르친다. 깨지지 않는 물건을 가지고 연습해보도록 시킨다.

1단계 – 장기적 목표 기억하기

이 상황과 관련한 당신의 장기적 목표는 어떤 것들이 있나요?

장기적 목표로 이끌어줄 대응 방법에 체크해보세요.

1. 소리친 후 아이를 방으로 들여보낸다. ☐

2. 엉덩이를 때린다. ☐

3. 당신의 감정을 설명하고, 어떻게 청소를 하고 고치는지 보여준 후 깨진다는 것이 무슨 뜻인지 설명해주고, 귀중품을 안전한 곳에 옮기고 아이에게 물건을 조심히 다루는 법을 가르친다. ☐

2단계 – 따뜻함과 구조화에 집중하기

각 대응 방법을 우리가 아는 '따뜻함'의 내용과 비교해보겠습니다. 각 방법이 아래의 조건에 해당하는지 체크해보세요.

	1	2	3
• 정서적 안정감 주기	☐	☐	☐
• 무조건적인 사랑을 보여주기	☐	☐	☐
• 보살펴주기	☐	☐	☐
• 아이의 발달단계를 존중하기	☐	☐	☐
• 아이가 필요한 것에 세심하게 신경 쓰기	☐	☐	☐
• 아이의 감정에 공감하기	☐	☐	☐

이제 각 대응 방법을 우리가 아는 '구조화'의 내용과 비교해보겠습니다. 각 방법이 아래의 조건에 해당하는지 체크해보세요.

	1	2	3
• 행동에 대한 명확한 가이드라인 주기	□	□	□
• 당신의 기대치에 대해 명확한 정보 주기	□	□	□
• 명확하게 설명해주기	□	□	□
• 아이의 학습을 지지하기	□	□	□
• 아이 스스로 생각하도록 격려하기	□	□	□
• 갈등 해결 능력을 가르치기	□	□	□

이 연령대의 아이들은 구조화에 대해 배우기 시작합니다. 자신이 말할 줄 아는 단어보다 더 많은 말을 이해하기 때문에, 설명을 해주면 배우기 시작합니다.

아이들이 알아야 하는 것들을 다 배우는 데 시간이 필요하다는 것을 기억하시기 바랍니다. 아직은 물건을 만져보며 배워야 할 때입니다.

3단계 – 아이가 어떻게 생각하고 느끼는지 고려하기

왜 이 시기의 아이들은 귀중한 물건을 만질까요?

4단계 – 문제 해결하기

아래의 항목들을 우리가 아는 아이들의 발달단계에 대한 지식과 비교해보겠습니다. 다음의 항목 중 발달단계를 고려하여 어떤 행동을 해야 할지 체크해보세요.

1. 소리친 후 아이를 방으로 들여보낸다. ☐

2. 엉덩이를 때린다. ☐

3. 당신의 감정을 설명하고, 어떻게 청소를 하고 고치는지 보여준 후 깨진다는 것이 무슨 뜻인지 설명해주고, 귀중품을 안전한 곳에 옮기고 아이에게 물건을 조심히 다루는 법을 가르친다. ☐

5단계 – '긍정적으로 아이 키우기'를 실행하기

당신의 장기적 목표에 대해 생각해보고, 아이에게 따뜻함과 구조화를 제공해줄 수 있는 방법과 아이의 발달단계에 대해 생각해보았습니다. 당신은 어떤 방법을 고르시겠습니까?

만약 3번을 고르셨다면, 잘하셨습니다!

"아이들은 모든 형태의 폭력으로부터 보호받을 권리가 있다."

_유엔아동권리협약 제19조

부모의 화

어린아이를 키우는 동안 부모는 좌절하거나 걱정하는 일이 많습니다. 가끔 이런 감정은 분노로 이어지게 되지요.

아이들이 의도적으로 문제를 일으킨다고 생각할 때 부모는 화가 나곤 합니다. 스스로 행동을 조절할 수 있는데 일부러 그런 행동을 해서 부모를 화나게 한다고 생각한다면 더욱 화가 날 것입니다.

하지만 어린아이들은 부모의 기분을 이해하지 못합니다. 어떤 것이 부모를 화나게 하고, 화나지 않게 하는지 모릅니다. 아이들은 이런 모든 것들을 알아내고 있는 중이니까요.

부모가 화를 내면 아이들은 겁을 먹습니다. 자신들이 원하는 반응이 아니기 때문입니다.

아이의 유년시절에는 특히 부모의 인내심이 매우 중요합니다. 아이들은 화가 났을 때 어떻게 해야 할지, 부모의 행동에서 그대로 배웁니다.

부모 입장에서 화를 절제하고 '긍정적으로 아이 키우기' 방법으로 대하는 것은 자기 조절이 필요한 일입니다. 크게 숨을 들이쉬거나, 나가서 산책을 하거나, 진정될 때까지 방을 나가 있는 것이 도움이 될 수도 있습니다.

아이들은 차차 배우게 됩니다. 부모가 가르치고자 하는 것을 아이가 완전히 이해하는 데는 시간이 걸리지만, 아이들의 이해력은 부모의 장기적 목표를 이루는 데 가장 중요한 요소입니다.

화를 조절하는 방법

1. 어떤 말이나 행동을 하기 전에 숫자를 열까지 센다. 그래도 화가 가라앉지 않으면 잠시 자리를 떠나 진정할 시간을 갖는다.
2. 어깨를 털고, 크게 숨을 들이쉬며 스스로 "진정해" 같은 말을 반복한다.
3. 손을 뒤로 하고 스스로에게 기다리라고 말한다. 진정할 때까지 아무 말도 하지 않고 기다린다.
4. 잠깐 나가서 걸으면서 지금의 상황을 다시 떠올리며, 아이가 왜 그렇게 행동했을지 아이의 입장에서 생각해본다. 아이의 입장을 존중하며 부모가 왜 화가 났는지 설명할 수 있는 대응 방법을 준비한다.
5. 조용한 곳에서 '긍정적으로 아이 키우기' 단계를 되새겨본다. 당신의 장기 목표에 부합하고, 아이에게 따뜻함과 구조화를 제공하며, 아이의 생각과 감정을 헤아린 대응 방법이 준비되었을 때 아이에게 돌아간다.
6. 이 상황이 아이에게 대화하는 법, 긍정적으로 갈등을 해결하는 법을 가르칠 수 있는 기회라는 것을 기억한다.

화는 당신과 아이가 서로의 입장을 이해하지 못한다는 신호입니다. 둘의 의사소통이 다시 이전으로 회복되어야 한다는 의미이기도 합니다.

화가 나서 소리 지르며 아이를 깎아내리는 말, 하지 않아야 할 말을 하거나 때리지 마세요. 아이에게 앙갚음 하거나 원망하는 마음을 품지 마세요.

중요한 배움은 가장 어려운 상황에서 일어난다는 것을 기억하시기 바랍니다. 모든 힘든 상황을 당신이 장기적 목표로 나아 갈 수 있는 절호의 기회로 만드시기 바랍니다.

상황 3

비가 오는 날, 당신은 아이를 데리고 병원에 가야 합니다. 버스 도착 시간이 다가오고 있습니다. 아이에게 비옷을 입히려 하지만, 아이는 "싫어!" 하면서 이리저리 도망 다닙니다.

당신은 어떻게 해야 할까요? 다음을 잘 읽고 어떤 것이 가장 좋은 대응 방법이며 그 이유가 무엇일지 생각해보시기 바랍니다.

1. 엄마 말에 저항하면 안 된다는 것을 보여주기 위해 아이를 잡고 찰싹 때린다.

2. 벌로 아이가 가장 좋아하는 장난감을 뺏는다.

3. 밖에 비가 오고 있다고 설명하며, 아이를 창가로 데려가 비오는 풍경을 보여준다. 문 밖으로 손을 뻗어, 젖는다는 게 어떤 건지 알려주고, 비옷을 입으면 젖지 않을 수 있다고 말해준다.

1단계 – 장기적 목표 기억하기

이 상황과 관련한 당신의 장기적 목표는 어떤 것들이 있나요?

장기적 목표로 이끌어줄 대응 방법에 체크해보세요.

1. 아이를 잡고 때린다. ☐

2. 아이가 가장 아끼는 장난감을 뺏는다. ☐

3. 비가 무엇인지 설명하고 비에 젖지 않기 위해 비옷을 입자고 제안한다. ☐

각 대응 방법을 우리가 아는 '따뜻함'의 내용과 비교해보겠습니다.
각 방법이 아래의 조건에 해당하는지 체크해보세요.

	1	2	3
• 정서적 안정감 주기	□	□	□
• 무조건적인 사랑을 보여주기	□	□	□
• 보살펴주기	□	□	□
• 아이의 발달단계를 존중하기	□	□	□
• 아이가 필요한 것에 세심하게 신경 쓰기	□	□	□
• 아이의 감정에 공감하기	□	□	□

각 대응 방법을 우리가 아는 '구조화'의 내용과 비교해보겠습니다. 각 방법이 아래의 조건에 해당하는지 체크해보세요.

	1	2	3
• 행동에 대한 명확한 가이드라인 주기	☐	☐	☐
• 당신의 기대치에 대해 명확한 정보 주기	☐	☐	☐
• 명확하게 설명해주기	☐	☐	☐
• 아이의 학습을 지지하기	☐	☐	☐
• 아이 스스로 생각하도록 격려하기	☐	☐	☐
• 갈등 해결 능력을 가르치기	☐	☐	☐

3단계 – 아이가 어떻게 생각하고 느끼는지 고려하기

왜 이 시기의 아이들은 하라는 것을 하길 거부할까요?

4단계 – 문제 해결하기

아래의 항목들을 우리가 아는 아이들의 발달단계에 대한 지식과 비교해보겠습니다. 다음의 항목 중 발달단계를 고려하여 어떤 행동을 해야 할지 체크해보세요.

1. 아이를 잡고 때린다. ☐

2. 아이가 가장 아끼는 장난감을 뺏는다. ☐

3. 비가 무엇인지 설명하고 비에 젖지 않기 위해 비옷을 입자고 제안한다. ☐

5단계 – '긍정적으로 아이 키우기'를 실행하기

이제 당신의 장기적 목표에 대해 생각해보고, 아이에게 따뜻함과 구조화를 제공해줄 수 있는 방법과 아이의 발달단계에 대해 생각해보았습니다. 당신은 어떤 방법을 고르시겠습니까?

만약 3번을 고르셨다면, 잘하셨습니다!

유아의 반항

어린아이가 부모의 말대로 안 하는 것은 지극히 정상입니다. 아이는 부모를 화나게 하거나 반항하려는 게 아닙니다. 그저 자신이 한사람의 인격체라는 것을 알아냈고 스스로 결정을 할 수 있는 능력에 대해 실험해보는 중일 뿐입니다.

아이에게 설명을 해줘도 부모가 하라는 대로 하지 않는 것은, 자기 스스로 결정을 내리고 싶기 때문입니다.

이 시기에는 아이에게 결정권을 줘서 아이의 의사결정 능력을 길러주는 것도 도움이 됩니다. “초록색 옷을 입을래, 노란색 옷을 입을래?”, “걸어갈래, 아니면 안아줄까?”라고 물었을 때 아이가 둘 중 하나를 고른다면, 부모의 단기적 목표는 달성된 것입니다.

부모 자신이 받아들일 수 있는 선택을 제안하시기 바랍니다. 만약 어디를 가야 한다면 “가고 싶어, 아니면 집에 있고 싶어?”라고 묻지 마세요. 아이가 집에 있겠다고 선택했는데도 나가야 한다면 아이는 자신의 결정이 의미없다고, 부모가 하는 제안도 의미가 없다고 배울 것입니다.

협박 또한 선택 사항이 아닙니다. “옷 안 입으면 맞는다, 혼자 집에 둘 거야, 다시는 같이 안 데리고 다닌다.” 이런 말들은 결정권을 주는 것이 아니라 협박하는 것입니다. 협박은 아이에게 두려움을 심어주고 부모에게 올가미가 될 뿐입니다. 만약 아이가 옷 입기를 거부하면 부모는 자기가 한 협박을 이행해야 한다고 생각할 것이고, 이는 상황을 더욱 악화시킬 것입니다.

만 2~3세

상황 1

아이가 밤에 자는 것을 거부하기 시작했습니다. 엄마가 곁을 떠나면 아이는 울고 또 웁니다. 잠들 무렵이 어느새 아이와 갈등을 겪는 시간이 되어가고 있습니다. 당신은 아이가 잠자기를 거부할 때마다 화가 나는 자신을 발견합니다.

당신은 어떻게 해야 할까요? 다음을 잘 읽고 어떤 것이 가장 좋은 대응 방법이며 그 이유가 무엇일지 생각해보시기 바랍니다.

1. 아이를 방으로 데려간 후 문을 닫고 나온다.

2. 나쁜 아이라고, 안 자면 괴물이 찾아올 거라고 말한다.

3. 잠들기 전, 아이를 따뜻한 물에 목욕을 시켜서 긴장을 풀어준다. 이제 잘 시간이라고, 내일 또 신나게 놀려면 자야 한다고 말해준다. 아이가 잠들 때까지 엄마가 곁에 있을 거라고 말해준다. 아이의 침대 곁에서 아이가 졸려할 때까지 책을 읽어준다. 아이가 잠들 때까지 노래를 불러준다. 어두운 수면등을 켜준다.

1단계 – 장기적 목표 기억하기

이 상황과 관련한 당신의 장기적 목표는 어떤 것들이 있나요?

장기적 목표로 이끌어줄 대응 방법에 체크해보세요.

1. 아이를 방에 혼자 둔다. ☐

2. 나쁜 아이라고, 괴물이 잡아갈 거라고 말한다. ☐

3. 목욕을 시켜주고, 잘 시간이라 설명하고, 책을 읽어주고 노래를 불러주며, 수면등을 켜준다. ☐

각 대응 방법을 우리가 아는 '따뜻함'의 내용과 비교해보겠습니다.
각 방법이 아래의 조건에 해당하는지 체크해보세요.

	1	2	3
• 정서적 안정감 주기	☐	☐	☐
• 무조건적인 사랑을 보여주기	☐	☐	☐
• 보살펴주기	☐	☐	☐
• 아이의 발달단계를 존중하기	☐	☐	☐
• 아이가 필요한 것에 세심하게 신경 쓰기	☐	☐	☐
• 아이의 감정에 공감하기	☐	☐	☐

각 대응 방법을 우리가 아는 '구조화'의 내용과 비교해보겠습니다. 각 방법이 아래의 조건에 해당하는지 체크해보세요.

	1	2	3
• 행동에 대한 명확한 가이드라인 주기	☐	☐	☐
• 당신의 기대치에 대해 명확한 정보 주기	☐	☐	☐
• 명확하게 설명해주기	☐	☐	☐
• 아이의 학습을 지지하기	☐	☐	☐
• 아이 스스로 생각하도록 격려하기	☐	☐	☐
• 갈등 해결 능력을 가르치기	☐	☐	☐

3단계 – 아이가 어떻게 생각하고 느끼는지 고려하기

어린아이들은 왜 자는 것을 싫어할까요?

4단계 – 문제 해결하기

아래의 항목들을 우리가 아는 아이들의 발달단계에 대한 지식과 비교해보겠습니다. 다음의 항목 중 발달단계를 고려하여 어떤 행동을 해야 할지 체크해보세요.

1. 아이를 방에 혼자 둔다. ☐

2. 나쁜 아이라고, 괴물이 잡아갈 거라고 말한다. ☐

3. 목욕을 시켜주고, 잘 시간이라 설명하고, 책을 읽어주고 노래를 불러주며, 수면등을 켜준다. ☐

5단계 – '긍정적으로 아이 키우기'를 실행하기

당신의 장기적 목표에 대해 생각해보고, 아이에게 따뜻함과 구조화를 제공해줄 수 있는 방법과 아이의 발달단계에 대해 생각해보았습니다. 당신은 어떤 방법을 고르시겠습니까?

만약 3번을 고르셨다면, 잘하셨습니다!

아이의 공포

어린아이에게 자신이 두려워하는 것이 실제가 아니라고 설득시키는 것은 매우 어려운 일입니다. 아이는 아직 현실과 상상의 차이를 이해하지 못합니다.

가끔은, 아이의 침대 밑을 확인하거나 옷장 속을 확인하며 아무것도 없다는 것을 보여주는 것이 최선일 때도 있습니다. 아이가 안심할 수 있도록 곁에 있어주면서 자신이 안전하다는 걸 알고 잠들 수 있게 돕는 것이 좋습니다.

대부분의 사람들은 어둠 속에 혼자 있는 것을 좋아하지 않습니다. 두려움은 사람이 연약하다고 느낄 때 나타나는 자연스러운 반응입니다. 어둠 속에 혼자 있을 때, 어른들 또한 상상력이 끝이 없을 때가 있습니다. 만약 우리가 우리 자신의 두려움에 대해 인지한다면, 아이들의 공포에 대해서도 더 쉽게 이해할 수 있을 것입니다.

몇몇 문화권에서는 아이들이 부모와 함께 자기도 합니다. 이런 문화에서는 아이들이 안전하다고, 보호받는다고 느낄 수 있게 하기가 더 쉽습니다. 부모와 아이가 함께 자는 것이 드문 문화권에서는 아이가 안전하고 보호받고 있다고 느낄 수 있도록 부모가 더 노력해야 합니다.

6개월 미만 아기의 경우, 같은 방을 사용하는 것(부모와 같은 방이지만 안전하게 분리된 공간에서 자는 것)이 잠자는 동안 아이를 더 안전하게 해줍니다. 이것은 아이의 요구에 빠르게 대응할 수 있는 이점이 있으며, 낙상 혹은 부모가 자다가 모르고 아이를 짓누르는 등의 위험을 막아줍니다.

상황 2

아이는 공을 가지고 노는 것을 너무나 좋아합니다. 공을 튀기고, 굴리고, 위에 앉기도 하고 던지기도 합니다. 어느 날, 아이와 마트에 갔다가 크고 빨간 공을 발견합니다. 아이는 너무 신이 나서 공을 꺼내 들고 달리기 시작합니다.

당신은 공을 살 돈이 모자라기 때문에 아이를 쫓아가서 공을 제자리에 두라고 말하지만 아이는 울며 떼를 쓰기 시작합니다.

당신은 어떻게 해야 할까요? 다음을 잘 읽고 어떤 것이 가장 좋은 대응 방법이며 그 이유가 무엇일지 생각해보시기 바랍니다.

1. 어떻게 행동해야 하는지 가르치기 위해 아이를 찰싹 때린다.

2. 이렇게 행동하면 아무도 너를 좋아하지 않을 거라고 얘기한다.

3. 아이가 공을 좋아하는 마음을 알아주고 공이 멋있다고 얘기해준다. 그렇지만 지금 공을 살 돈이 없다고, 너가 슬프고 실망스러울 것을 이해한다고 말한다. 아이를 밖으로 데리고 나가서 아이가 진정할 때까지 슬픈 기분과 불만에 대해 이야기하고 실망스러운 감정을 공감해준다. 아이에게 돈이 없으면 사고 싶은 것을 살 수 없는 거라고 설명한 후 아이의 관심을 다른 데로 돌리고 원래 계획대로 움직인다.

1단계 – 장기적 목표 기억하기

이 상황과 관련한 당신의 장기적 목표는 어떤 것들이 있나요?

장기적 목표로 이끌어줄 대응 방법에 체크해보세요.

1. 아이를 찰싹 때린다. ☐

2. 아무도 너를 좋아하지 않을 거라고 말한다. ☐

3. 아이 기분을 이해해주고, 공을 왜 가질 수 없는지 설명하고 그것이 어떤 단어로 표현될 수 있는지 알려준다. 그 상황에서 아이를 분리시킨 후 가까이에 있어주되 아이의 관심을 다른 데로 돌리고 하던 일을 계속한다. ☐

각 대응 방법을 우리가 아는 '따뜻함'의 내용과 비교해보겠습니다. 각 방법이 아래의 조건에 해당하는지 체크해보세요.

	1	2	3
• 정서적 안정감 주기	☐	☐	☐
• 무조건적인 사랑을 보여주기	☐	☐	☐
• 보살펴주기	☐	☐	☐
• 아이의 발달단계를 존중하기	☐	☐	☐
• 아이가 필요한 것에 세심하게 신경 쓰기	☐	☐	☐
• 아이의 감정에 공감하기	☐	☐	☐

이제 각 대응 방법을 우리가 아는 '구조화'의 내용과 비교해보겠습니다. 각 방법이 아래의 조건에 해당하는지 체크해보세요.

	1	2	3
• 행동에 대한 명확한 가이드라인 주기	☐	☐	☐
• 당신의 기대치에 대해 명확한 정보 주기	☐	☐	☐
• 명확하게 설명해주기	☐	☐	☐
• 아이의 학습을 지지하기	☐	☐	☐
• 아이 스스로 생각하도록 격려하기	☐	☐	☐
• 갈등 해결 능력을 가르치기	☐	☐	☐

3단계 – 아이가 어떻게 생각하고 느끼는지 고려하기

어린아이들은 왜 떼를 쓸까요?

4단계 – 문제 해결하기

이제 아래의 항목들을 우리가 아는 아이들의 발달단계에 대한 지식과 비교해보겠습니다. 다음의 항목 중 발달단계를 고려하여 해야 할 행동을 체크해보세요.

1. 아이를 찰싹 때린다. ☐

2. 아무도 너를 좋아하지 않을 거라고 말한다. ☐

3. 아이 기분을 이해해주고, 공을 왜 가질 수 없는지 설명하고 그것이 어떤 단어로 표현될 수 있는지 알려준다. 그 상황에서 아이를 분리시킨 후 가까이에 있어주되 아이의 관심을 다른 데로 돌리고 하던 일을 계속한다. ☐

5단계 – '긍정적으로 아이 키우기'를 실행하기

당신의 장기적 목표에 대해 생각해보고, 아이에게 따뜻함과 구조화를 제공해줄 수 있는 방법과 아이의 발달단계에 대해 생각해보았습니다. 당신은 어떤 방법을 고르시겠습니까?

만약 3번을 고르셨다면, 잘하셨습니다!

떼쓰는 것

아이가 떼를 쓸 때 부모는 창피하기도 하고, 행동을 통제해야 한다는 생각 때문에 화가 나기도 합니다. 하지만 다른 사람이 어떻게 생각하는지보다 부모와 아이의 관계가 훨씬 중요하다는 것을 기억하시기 바랍니다. 아이가 공공장소에서 떼를 쓸 때, 부모는 장기 목표를 떠올리고 아이에게 따뜻함과 구조화를 제공하는 데 집중해야 합니다. 다른 사람이 어떻게 생각할지는 신경 쓰지 않으려 노력하는 것이 중요합니다.

아이가 떼쓰는 것을 통제하는 일은 폭풍우를 통제하려고 하는 것이나 마찬가지입니다. 아이가 떼를 쓰는 이유는 부모가 왜 "안 돼"라고 하는지 이해하지 못하기 때문이고, 자신의 욕구가 좌절당했을 때 어떻게 해야 하는지 몰라서입니다. 떼를 쓰는 것은 아이 자신이 매우 좌절했다는 걸 표현하는 한 방법입니다. 그럴 때 아이에게 소리를 치거나 때리면 아이는 더욱 더 좌절할 뿐입니다. 그러면 아이는 겁을 먹고 상황을 잘못 이해하게 됩니다.

가장 좋은 방법은 기다리는 것입니다. 폭풍우가 덮칠 때 아이가 안전하다고 느낄 수 있도록 아이 가까이에 있어주시기 바랍니다. 손을 부드럽게 잡아주면서 아이를 진정시키는 것도 좋습니다. 아이가 떼쓰는 걸 멈추고 나면, 마주 앉아서 무슨 일이 있었는지 얘기해보세요. 이 상황을 기회로 삼아서 감정이란 무엇인지, 얼마나 강력할 수 있는지, 각각의 감정을 뭐라고 부르는지 가르쳐주시기 바랍니다. 아이에게 왜 "안 돼"라고 말했는지 설명하고 실망한 아이의 감정을 이해한다고 말해주세요. 부모 자신도 좌절했을 때는 어떻게 하는지 설명해주시면 좋습니다. 그리고 아이에게 기쁠 때, 슬프거나 화날 때도 항상 사랑한다고 말해주면 됩니다.

만 3~5세

상황 1

당신의 아이는 찬장을 열어서 안에 들어 있는 모든 것을 꺼냅니다. 꺼낸 물건을 쌓고, 쓰러뜨립니다. 떨어진 물건 중 몇 가지는 망가졌습니다.

당신은 어떻게 해야 할까요? 다음을 잘 읽고 어떤 것이 가장 좋은 대응 방법이며 그 이유가 무엇일지 생각해보시기 바랍니다.

1. 아이를 혼내며 장난감을 뺏는다.

2. 말썽을 피웠으므로 때린다.

3. 물건을 제자리에 두는 것을 도와달라고 한다. 부서진 물건을 같이 고쳐본다. 아이에게 물건이 떨어지면 망가질 수도 있다고, 엄마는 그런 일이 없었으면 좋겠다고 설명한다. 아이에게 가지고 놀아도 망가지지 않을 물건을 보여준다. 깨질 만한 물건들이 아이의 손에 닿지 않도록 부엌을 다시 정리한다. 찬장 낮은 곳에는 깨지지 않는 안전한 물건들을 놓는다.

1단계 – 장기적 목표 기억하기

이 상황과 관련한 당신의 장기적 목표는 어떤 것들이 있나요?

장기적 목표로 이끌어줄 대응 방법에 체크해보세요.

1. 장난감을 뺏는다. ☐

2. 말썽을 피웠으므로 때린다. ☐

3. 아이와 같이 물건을 고쳐보고, 망가진다는 것이 무엇인지 설명해준 후, 대체할 수 있는 물건을 준다. 깨지는 물건은 치우고, 아이 손이 닿는 곳에는 깨지지 않는 것들을 놓아 둔다. ☐

2단계 - 따뜻함과 구조화에 집중하기

각 대응 방법을 우리가 아는 '따뜻함'의 내용과 비교해보겠습니다.
각 방법이 아래의 조건에 해당하는지 체크해보세요.

	1	2	3
• 정서적 안정감 주기	☐	☐	☐
• 무조건적인 사랑을 보여주기	☐	☐	☐
• 보살펴주기	☐	☐	☐
• 아이의 발달단계를 존중하기	☐	☐	☐
• 아이가 필요한 것에 세심하게 신경 쓰기	☐	☐	☐
• 아이의 감정에 공감하기	☐	☐	☐

이제 각 대응 방법을 우리가 아는 '구조화'의 내용과 비교해보겠습니다. 각 방법이 아래의 조건에 해당하는지 체크해보세요.

	1	2	3
• 행동에 대한 명확한 가이드라인 주기	☐	☐	☐
• 당신의 기대치에 대해 명확한 정보 주기	☐	☐	☐
• 명확하게 설명해주기	☐	☐	☐
• 아이의 학습을 지지하기	☐	☐	☐
• 아이 스스로 생각하도록 격려하기	☐	☐	☐
• 갈등 해결 능력을 가르치기	☐	☐	☐

3단계 – 아이가 어떻게 생각하고 느끼는지 고려하기

어린아이들은 왜 부모의 물건을 가지고 노는 것을 좋아할까요?

4단계 – 문제 해결하기

이제 아래의 항목들을 우리가 아는 아이들의 발달단계에 대한 지식과 비교해보겠습니다. 다음의 항목 중 발달단계를 고려하여 어떤 행동을 해야 할지 체크해보세요.

1. 장난감을 뺏는다. ☐

2. 말썽을 피웠으므로 때린다. ☐

3. 아이와 같이 물건을 고쳐보고, 망가진다는 것이 무엇인지 설명해준 후, 대체할 수 있는 물건을 준다. 깨지는 물건은 치우고, 아이 손이 닿는 곳에는 깨지지 않는 것들을 놓아 둔다. ☐

5단계 – '긍정적으로 아이 키우기'를 실행하기

이제 당신의 장기적 목표에 대해 생각해보고, 아이에게 따뜻함과 구조화를 제공해줄 수 있는 방법과 아이의 발달단계에 대해 생각해보았습니다. 당신은 어떤 방법을 고르시겠습니까?

만약 3번을 고르셨다면, 잘하셨습니다!

때리는 것

때로 부모는 아이의 손을 찰싹 때리거나 회초리를 드는 것이 아이의 버릇을 고치는 방법이라고 생각하기도 합니다. 하지만 체벌은 다음과 같이 아이에게 전혀 다른 것을 알려줄 수도 있습니다.

중요한 일을 알려줄 때는 때려야 한다.
때리는 것은 화가 났을 때 쓸 수 있는 방법이다.
자신을 보호해준다고 믿고 의지하는 사람이 아프게 할 수도 있다.
부모는 도와주고 가르쳐주는 믿을 만한 존재가 아니라 무서운 존재다.
집은 배우고 탐색할 수 있는 안전한 곳이 아니다.

부모는 장기적으로 아이에게 무엇을 가르치고 싶은지를 생각해봐야 합니다. 아이에게 비폭력적인 사람이 되라고 가르치고 싶다면 비폭력적인 방식을 보여줘야 합니다. 안전하게 있는 법을 가르치고 싶다면 어떻게 해야 안전한지 설명해주고 보여줘야 합니다.

어른에게 맞는 것이 아이에게 어떤 영향을 끼치는지 생각해보세요. 어른들도 누군가에게 맞으면 수치심을 느끼지요. 때리는 사람과는 잘 지내거나 잘해주고 싶지 않습니다. 억울함과 두려움, 심지어는 복수하고 싶은 마음이 들기도 합니다.

체벌은 아이와의 관계를 해칩니다. 아이가 의사결정을 하는 데 필요한 정보를 주지도 못하고, 부모에 대한 아이의 존경심을 높이지도 못합니다.

상황 2

당신은 회사에 갈 준비를 하고 있습니다. 아이는 조용히 자신이 좋아하는 장난감을 가지고 놀고 있습니다. 출근 준비를 마친 당신은 아이에게 그만 나가자고 얘기하지만, 아이는 놀이를 멈추지 않습니다. 아이에게 다시 얘기하지만, 아이는 그래도 멈추지 않습니다.

당신은 어떻게 해야 할까요? 다음을 잘 읽고 어떤 것이 가장 좋은 대응 방법이며 그 이유가 무엇일지 생각해보시기 바랍니다.

1. 만약 지금 안 나가면 혼자 두고 갈 것이라고 말한다.

2. 아이를 잡아끌며 집 밖으로 데리고 나온다.

3. 당신이 어디를 가는지, 그리고 왜 가야 하는지 말해준다. 타이머를 5분 후로 맞춰두고 아이에게 타이머에서 소리가 나면 나가야 하니 하는 일을 멈추라고 말해준다. 집에 돌아와서 하던 놀이를 계속할 수 있다고 안심시킨다. 2분이 남았다고 말해준 후 누가 먼저 옷을 입고 신발을 신는지 내기를 하자고 한다.

1단계 – 장기적 목표 기억하기

이 상황과 관련한 당신의 장기적 목표는 어떤 것들이 있나요?

장기적 목표로 이끌어줄 대응 방법에 체크해보세요.

1. 혼자 두고 갈 거라고 협박한다. ☐

2. 집 밖으로 끌고 나온다. ☐

3. 당신이 어디를 가고 왜 가야 하는지 말해주고 타이머를 설정한 후, 아이에게 준비할 시간을 준다. 아이가 하던 일을 존중한다는 사실을 알려주고 외출을 즐거운 일로 만든다. ☐

2단계 – 따뜻함과 구조화에 집중하기

각 대응 방법을 우리가 아는 '따뜻함'의 내용과 비교해보겠습니다.
각 방법이 아래의 조건에 해당하는지 체크해보세요.

	1	2	3
• 정서적 안정감 주기	☐	☐	☐
• 무조건적인 사랑을 보여주기	☐	☐	☐
• 보살펴주기	☐	☐	☐
• 아이의 발달단계를 존중하기	☐	☐	☐
• 아이가 필요한 것에 세심하게 신경 쓰기	☐	☐	☐
• 아이의 감정에 공감하기	☐	☐	☐

각 대응 방법을 우리가 아는 '구조화'의 내용과 비교해보겠습니다. 각 방법이 아래의 조건에 해당하는지 체크해보세요.

	1	2	3
• 행동에 대한 명확한 가이드라인 주기	☐	☐	☐
• 당신의 기대치에 대해 명확한 정보 주기	☐	☐	☐
• 명확하게 설명해주기	☐	☐	☐
• 아이의 학습을 지지하기	☐	☐	☐
• 아이 스스로 생각하도록 격려하기	☐	☐	☐
• 갈등 해결 능력을 가르치기	☐	☐	☐

3단계 – 아이가 어떻게 생각하고 느끼는지 고려하기

어린아이들은 왜 노는 도중에 그만두는 것을 거부할까요?

4단계 – 문제 해결하기

이제 아래의 항목들을 우리가 아는 아이들의 발달단계에 대한 지식과 비교해보겠습니다. 다음의 항목 중 발달단계를 고려하여 어떤 행동을 해야 할지 체크해보세요.

1. 혼자 두고 갈 거라고 협박한다. ☐

2. 집 밖으로 끌고 나온다. ☐

3. 당신이 어디를 가고 왜 가야 하는지 말해주고 타이머를 설정한 후, 아이에게 준비할 시간을 준다. 아이가 하던 일을 존중한다는 사실을 알려주고 외출을 즐거운 일로 만든다. ☐

5단계 – '긍정적으로 아이 키우기'를 실행하기

당신의 장기적 목표에 대해 생각해보고, 아이에게 따뜻함과 구조화를 제공해줄 수 있는 방법과 아이의 발달단계에 대해 생각해보았습니다. 당신은 어떤 방법을 고르시겠습니까?

만약 3번을 고르셨다면, 잘하셨습니다!

아이의 전환과정

어린아이들에게 지금 하는 일에서 다른 일로 넘어가는 것은 힘든 일입니다. 전환과정은 아이에게 처음 겪는 스트레스로 다가옵니다. 아이는 자신이 하는 일을 앞으로 다시 할 수 있다는 사실을 모르며, 앞으로 어떤 일이 있을지 또한 모릅니다. 경험이 더 쌓일수록, 아이는 다른 일로 전환하는 것을 더욱 쉽게 받아들일 수 있을 것입니다.

이 전환과정을 쉽게 만드는 방법은 아이를 미리 준비시키는 것입니다. 아이에게 계획에 대해 미리 말해주세요. 전환하기 10분 전에 곧 떠나야 한다고 말해주고, 어디에 가려는 건지 알려주시기 바랍니다. (만약 다시 돌아오게 된다면) 아이에게 다시 돌아올 것이라고 안심시켜주세요. 5분 후에 다시 아이에게 떠나야 한다고 알려준 후, 어디에 가는 건지 다시 한번 설명해주세요. 아이가 떠날 준비를 할 수 있게 도와주시기 바랍니다.

만약 달리기 같은 게임으로 바꾸는 등 아이가 하던 일에서 관심을 돌린다면 이 전환과정이 훨씬 수월할 것입니다. 전환과정이 재미있으면 아이가 다른 곳으로 이동하는 것이 그만큼 쉬울 테니까요.

상황 3

당신은 피곤한 상태로 저녁식사를 준비 중입니다. 저녁식사에 필요한 재료는 모두 준비되어 있습니다. 그런데 아이가 엄마를 돕고 싶다고 말합니다.

당신은 빨리 저녁 준비를 하고 싶어서 아이의 도움을 거절하지만 아이는 고집을 부립니다.

당신은 어떻게 해야 할까요? 다음을 잘 읽고 어떤 것이 가장 좋은 대응 방법이며 그 이유가 무엇일지 생각해보시기 바랍니다.

1. 아이에게 아직 엄마를 돕기는 너무 어리다고, 도와주려다가 오히려 치우기 힘들게 만들 것이라고 말한다.

2. 지금 엄마를 방해하는 중이며, 엄마 말에 반항하는 건 무례한 행동이라고 말한다.

3. 어떤 음식을 만드는지, 재료의 이름은 무엇인지 설명해준다. 아이의 작은 손으로 도울 수 있을 만한 일을 골라 아이에게 어떻게 하는지 보여준다. 아이에게 해달라고 부탁한 후 아이가 도움을 필요로 하면 도와준다. 엄마를 도와줘서 고맙다고 한다. 아이가 더 돕고 싶어 한다면 이 과정을 반복한다.

1단계 – 장기적 목표 기억하기

이 상황과 관련한 당신의 장기적 목표는 어떤 것들이 있나요?

장기적 목표로 이끌어줄 대응 방법에 체크해보세요.

1. 엄마를 돕기엔 아직 어리다고 말한다. ☐

2. 무례하게 구는 것이라고 말한다. ☐

3. 지금 하고 있는 일을 설명해주고, 어떻게 하는지 보여준다. 아이가 성공할 수 있도록 준비해준 후 아이를 도와주며 노력을 알아준다. ☐

각 대응 방법을 우리가 아는 '따뜻함'의 내용과 비교해보겠습니다.
각 방법이 아래의 조건에 해당하는지 체크해보세요.

	1	2	3
• 정서적 안정감 주기	☐	☐	☐
• 무조건적인 사랑을 보여주기	☐	☐	☐
• 보살펴주기	☐	☐	☐
• 아이의 발달단계를 존중하기	☐	☐	☐
• 아이가 필요한 것에 세심하게 신경 쓰기	☐	☐	☐
• 아이의 감정에 공감하기	☐	☐	☐

각 대응 방법을 우리가 아는 '구조화'의 내용과 비교해보겠습니다. 각 방법이 아래의 조건에 해당하는지 체크해보세요.

	1	2	3
• 행동에 대한 명확한 가이드라인 주기	□	□	□
• 당신의 기대치에 대해 명확한 정보 주기	□	□	□
• 명확하게 설명해주기	□	□	□
• 아이의 학습을 지지하기	□	□	□
• 아이 스스로 생각하도록 격려하기	□	□	□
• 갈등 해결 능력을 가르치기	□	□	□

3단계 – 아이가 어떻게 생각하고 느끼는지 고려하기

왜 어린아이들은 돕고 싶어 할까요?

4단계 – 문제 해결하기

이제 아래의 항목들을 우리가 아는 아이들의 발달단계에 대한 지식과 비교해보겠습니다. 다음의 항목 중 발달단계를 고려하여 어떤 행동을 해야 할지 체크해보세요.

1. 엄마를 돕기엔 아직 어리다고 말한다. ☐

2. 무례하게 구는 것이라고 말한다. ☐

3. 지금 하고 있는 일을 설명해주고, 어떻게 하는지 보여준다. 아이가 성공할 수 있도록 준비해준 후 아이를 도와주며 노력을 알아준다. ☐

5단계 – '긍정적으로 아이 키우기'를 실행하기

당신의 장기적 목표에 대해 생각해보고, 아이에게 따뜻함과 구조화를 제공해줄 수 있는 방법과 아이의 발달단계에 대해 생각해보았습니다. 당신은 어떤 방법을 고르시겠습니까?

만약 3번을 고르셨다면, 잘하셨습니다!

비난

가끔 부모들은 아이의 행동을 바로 잡기 위해 아이에게 '나쁘다', '무례하다', '서투르다', '미숙하다', '무능하다'고 얘기합니다. 하지만 이런 말을 듣는 아이들은 버림받았다고 느끼고 자신이 실패자라 생각합니다.

아이들이 스스로를 나쁜 아이라고 생각할 경우 나쁜 짓을 할 확률이 좀 더 높아집니다. 자신이 무능하다고 생각하면, 새로운 기술을 완벽히 익히려 노력하지 않을 것입니다. 아이들은 학습자입니다. 지식을 쌓고 기술을 익힐 때 어른에게 의지합니다. 아이들은 어른의 격려와 도움이 필요합니다.

자존감이 높은 아이들은 노력하려는 의지가 강하기 때문에 성공할 확률이 더 높습니다. 실패를 극복할 수 있는 자신의 능력에 만족하기 때문에 더 행복해합니다. 부모가 자신을 믿는다는 것을 알기 때문에 부모와 더 깊은 신뢰관계를 맺습니다.

부모는 아이의 자존감을 높이는 다음과 같은 일들을 할 수 있습니다.

완벽하지 못하더라도 아이의 노력을 알아주기
돕고자 하는 아이의 의지를 고맙게 여기기
아이가 실패했을 때 아이를 지지해주고 계속 시도하도록 격려하기
아이의 특별한 점을 모두 말해주기

우리는 격려를 받을 때 더 잘하게 됩니다. 비난 대신 격려하는 것은 아이에게 크나큰 영향을 줄 것입니다.

상황 4

당신은 정원에서 작업 중입니다. 아이는 근처에서 공을 가지고 놀고 있습니다. 차가 다가오는 찰나, 공이 갑자기 도로로 굴러가고 아이는 공을 줍기 위해 도로로 뛰어듭니다.

당신은 어떻게 해야 할까요? 다음을 잘 읽고 어떤 것이 가장 좋은 대응 방법이며 그 이유가 무엇일지 생각해보시기 바랍니다.

1. 다시는 그런 행동을 못하게 때린다.

2. 2주 동안 밖에서 못 놀게 할 것이라고 말한다.

3. 당신이 얼마나 놀랐는지 보여주고, 자동차에 치이면 크게 다칠 수 있다는 것을 설명해준다. 자동차가 얼마나 단단한 물체인지 만져보면서 알게 한다. 아이와 함께 앉아서 자동차가 얼마나 빠르게 달리는지를 확인한다. 아이를 자동차 앞좌석에 앉힌 후 운전자가 아이를 보는 것이 얼마나 힘든지 확인시켜준다. 도로에 나서기 전에 멈춰 서서 주위를 둘러보고 자동차 소리에 귀 기울이는 것을 연습한다.

1단계 – 장기적 목표 기억하기

이 상황과 관련한 당신의 장기적 목표는 어떤 것들이 있나요?

장기적 목표로 이끌어줄 대응 방법에 체크해보세요.

1. 찰싹 때린다. ☐

2. 2주간 밖에 나가 놀지 못한다고 말한다. ☐

3. 당신이 얼마나 겁먹었는지 보여주고 왜 겁먹었는지 설명해준다. 자동차가 얼마나 위험한지 알려주고, 교통안전에 대해 연습한다. ☐

각 대응 방법을 우리가 아는 '따뜻함'의 내용과 비교해보겠습니다. 각 방법이 아래의 조건에 해당하는지 체크해보세요.

	1	2	3
• 정서적 안정감 주기	☐	☐	☐
• 무조건적인 사랑을 보여주기	☐	☐	☐
• 보살펴주기	☐	☐	☐
• 아이의 발달단계를 존중하기	☐	☐	☐
• 아이가 필요한 것에 세심하게 신경 쓰기	☐	☐	☐
• 아이의 감정에 공감하기	☐	☐	☐

각 대응 방법을 우리가 아는 '구조화'의 내용과 비교해보겠습니다. 각 방법이 아래의 조건에 해당하는지 체크해보세요.

	1	2	3
• 행동에 대한 명확한 가이드라인 주기	☐	☐	☐
• 당신의 기대치에 대해 명확한 정보 주기	☐	☐	☐
• 명확하게 설명해주기	☐	☐	☐
• 아이의 학습을 지지하기	☐	☐	☐
• 아이 스스로 생각하도록 격려하기	☐	☐	☐
• 갈등 해결 능력을 가르치기	☐	☐	☐

3단계 – 아이가 어떻게 생각하고 느끼는지 고려하기

어린아이들은 왜 큰길로 뛰어들까요?

4단계 – 문제 해결하기

이제 아래의 항목들을 우리가 아는 아이들의 발달단계에 대한 지식과 비교해보겠습니다. 다음의 항목 중 발달단계를 고려하여 어떤 행동을 해야 할지 체크해보세요.

1. 찰싹 때린다. ☐

2. 2주간 밖에 나가 놀지 못한다고 말한다. ☐

3. 당신이 얼마나 겁먹었는지 보여주고 왜 겁먹었는지 설명해준다. 자동차가 얼마나 위험한지 알려주고, 교통안전에 대해 연습한다. ☐

5단계 – '긍정적으로 아이 키우기'를 실행하기

당신의 장기적 목표에 대해 생각해보고, 아이에게 따뜻함과 구조화를 제공해줄 수 있는 방법과 아이의 발달단계에 대해 생각해보았습니다. 당신은 어떤 방법을 고르시겠습니까?

만약 3번을 고르셨다면, 잘하셨습니다!

상황 1

아이가 학교에 입학한 지 4개월이 됐습니다. 어느 날 선생님으로부터 아이가 가만히 앉아 있지 못하고, 다른 아이들과 떠들고, 과제를 마치는 데 오랜 시간이 걸려서 문제를 일으킨다고 연락을 받습니다.

당신은 어떻게 해야 할까요? 다음을 잘 읽고 가장 좋은 대응 방법과 왜 그것이 가장 좋은 대응 방법일지 생각해보시기 바랍니다.

1. 선생님께 아이가 말을 안 들으면 혼내주라고 말한다.

2. 아이에게 선생님이 왜 이 상황을 문제로 보고 있는지 설명해준다. 아이에게 사랑한다 말해주고 더 집중할 수 있게 돕고 싶다고 말한다. 학교에서의 경험과 아이의 입장에 대해 들어본다. 학교에서 아이를 괴롭히거나 집중력을 떨어뜨리게 하는 요소가 있는지 알아본다.

3. 아이에게 학교에서 집중하는 게 왜 중요한지 설명한다. 가끔은 집중하는 일이 힘들다는 것을 이해한다고 알려준다. 아이에게 해결 방법이 있는지 물어본다. 선생님과 만나서 아이의 기질과 교실 환경 사이의 조화를 개선할 만한 방법을 생각해낸다.

1단계 – 장기적 목표 기억하기

이 상황과 관련한 당신의 장기적 목표는 어떤 것들이 있나요?

장기적 목표로 이끌어줄 대응 방법에 체크해보세요.

1. 선생님에게 아이를 혼내주라고 말한다. ☐

2. 설명을 해주고 아이의 입장에서 들어준다. ☐

3. 설명해주고, 이해해주고, 아이의 생각을 들어주고, 선생님과 만나 해결 방법에 대해 얘기해본다. ☐

각 대응 방법을 우리가 아는 '따뜻함'의 내용과 비교해보겠습니다. 각 방법이 아래의 조건에 해당하는지 체크해보세요.

	1	2	3
• 정서적 안정감 주기	□	□	□
• 무조건적인 사랑을 보여주기	□	□	□
• 보살펴주기	□	□	□
• 아이의 발달단계를 존중하기	□	□	□
• 아이가 필요한 것에 세심하게 신경 쓰기	□	□	□
• 아이의 감정에 공감하기	□	□	□

각 대응 방법을 우리가 아는 '구조화'의 내용과 비교해보겠습니다. 각 방법이 아래의 조건에 해당하는지 체크해보세요.

	1	2	3
• 행동에 대한 명확한 가이드라인 주기	☐	☐	☐
• 당신의 기대치에 대해 명확한 정보 주기	☐	☐	☐
• 명확하게 설명해주기	☐	☐	☐
• 아이의 학습을 지지하기	☐	☐	☐
• 아이 스스로 생각하도록 격려하기	☐	☐	☐
• 갈등 해결 능력을 가르치기	☐	☐	☐

3단계 – 아이가 어떻게 생각하고 느끼는지 고려하기

아이들은 왜 학교에서 집중하는 것을 힘들어할까요?

4단계 – 문제 해결하기

이제 아래의 항목들을 우리가 아는 아이들의 발달단계에 대한 지식과 비교해보겠습니다. 다음의 항목 중 발달단계를 고려하여 어떤 행동을 해야 할지 체크해보세요.

1. 선생님에게 아이를 혼내주라고 말한다. ☐

2. 설명을 해주고 아이의 입장에서 들어준다. ☐

3. 설명해주고, 이해해주고, 아이의 생각을 들어주고, 선생님과 만나 해결 방법에 대해 얘기해본다. ☐

5단계 – '긍정적으로 아이 키우기'를 실행하기

이제 당신의 장기적 목표에 대해 생각해보고, 아이에게 따뜻함과 구조화를 제공해줄 수 있는 방법과 아이의 발달단계에 대해 생각해보았습니다. 당신은 어떤 방법을 고르시겠습니까?

만약 2, 3번을 고르셨다면, 잘하셨습니다!

상황 2

아이는 친구와 함께 동물 장난감을 가지고 놀고 있습니다. 말 장난감은 한 개뿐인데 두 아이 모두 그 장난감을 갖고 싶어 합니다. 아이의 친구가 장난감을 가져가자, 아이는 친구를 때리며 장난감을 도로 빼앗았습니다.

당신은 어떻게 해야 할까요? 다음을 잘 읽고 어떤 것이 가장 좋은 대응 방법이며 그 이유가 무엇일지 생각해보시기 바랍니다.

1. 모든 장난감을 뺏고, 사이좋게 놀지 않으면 갖고 놀지 못하게 할 거라고 한다. 아이의 친구를 집으로 돌려보낸다.

2. 아이에게 누군가를 때리는 행위는 허용할 수 없다고, 때리는 것은 상대방을 아프게 한다고 설명한다. 원하는 것을 얻기 위해 정중히 물어보는 법을 보여준다. 만약 요청한 것을 거절당할 때 어떻게 다른 대안을 찾을 수 있을지 보여준다. 말 장난감을 달라고 정중히 부탁하는 법을 연습시킨다. 낯선 사회적 기술을 배우려는 아이의 노력을 알아준다.

3. 아이를 똑같이 때리며, 남에게 맞는다는 게 어떤 기분인지 알게 해준다.

1단계 – 장기적 목표 기억하기

이 상황과 관련한 당신의 장기적 목표는 어떤 것들이 있나요?

장기적 목표로 이끌어줄 대응 방법에 체크해보세요.

1. 장난감을 치우고 친구를 집으로 돌려보낸다. ☐

2. 규칙을 설명하고, 사회적 기술을 직접 보여주고, 연습하도록 한다. ☐

3. 아이를 때린다. ☐

각 대응 방법을 우리가 아는 '따뜻함'의 내용과 비교해보겠습니다. 각 방법이 아래의 조건에 해당하는지 체크해보세요.

	1	2	3
• 정서적 안정감 주기	☐	☐	☐
• 무조건적인 사랑을 보여주기	☐	☐	☐
• 보살펴주기	☐	☐	☐
• 아이의 발달단계를 존중하기	☐	☐	☐
• 아이가 필요한 것에 세심하게 신경 쓰기	☐	☐	☐
• 아이의 감정에 공감하기	☐	☐	☐

각 대응 방법을 우리가 아는 '구조화'의 내용과 비교해보겠습니다. 각 방법이 아래의 조건에 해당하는지 체크해보세요.

	1	2	3
• 행동에 대한 명확한 가이드라인 주기	☐	☐	☐
• 당신의 기대치에 대해 명확한 정보 주기	☐	☐	☐
• 명확하게 설명해주기	☐	☐	☐
• 아이의 학습을 지지하기	☐	☐	☐
• 아이 스스로 생각하도록 격려하기	☐	☐	☐
• 갈등 해결 능력을 가르치기	☐	☐	☐

3단계 – 아이가 어떻게 생각하고 느끼는지 고려하기

아이들은 왜 다른 아이를 때릴까요?

4단계 – 문제 해결하기

아래의 항목들을 우리가 아는 아이들의 발달단계에 대한 지식과 비교해보겠습니다. 다음의 항목 중 발달단계를 고려하여 어떤 행동을 해야 할지 체크해보세요.

1. 장난감을 치우고 친구를 집으로 돌려보낸다. ☐

2. 규칙을 설명하고, 사회적 기술을 직접 보여주고, 연습하도록 한다. ☐

3. 아이를 때린다. ☐

5단계 – '긍정적으로 아이 키우기'를 실행하기

당신의 장기적 목표에 대해 생각해보고, 아이에게 따뜻함과 구조화를 제공해줄 수 있는 방법과 아이의 발달단계에 대해 생각해보았습니다. 당신은 어떤 방법을 고르시겠습니까?

만약 2번을 고르셨다면, 잘하셨습니다!

상황 1

아이가 매우 기분이 안 좋은 상태로 집에 돌아왔습니다. 아이는 당신과 얘기하고 싶지 않다며 불만이 가득한 소리를 냅니다.

당신은 어떻게 해야 할까요? 다음을 잘 읽고 어떤 것이 가장 좋은 대응 방법이며 그 이유가 무엇일지 생각해보시기 바랍니다.

1. 저녁을 먹이지 않고 아이를 방으로 들어가라고 보낸다.

2. 버릇없이 굴었으므로 매를 든다.

3. 무언가가 아이를 속상하게 했다는 것을 알겠다고 말해준다. 아이가 얘기할 준비가 되었을 때 말을 하면 들어주고 돕겠다고 한다. 아이가 말을 꺼내면 귀 기울여 들어주고 문제의 해답을 찾는 것을 도와준다. 아이 기분이 나아지면, 속상하더라도 사람들끼리 서로 존중하는 것이 중요하다고 설명한다. 아이에게 이것을 몸소 보여준다.

1단계 – 장기적 목표 기억하기

이 상황과 관련한 당신의 장기적 목표는 어떤 것들이 있나요?

장기적 목표로 이끌어줄 대응 방법에 체크해보세요.

1. 저녁을 주지 않고 아이를 방으로 들여보낸다. ☐

2. 아이에게 매를 든다. ☐

3. 아이의 기분을 존중해주고, 이야기를 들어주고, 지지해 주며 예의 바른 의사소통의 중요성에 대해 설명한다. ☐

각 대응 방법을 우리가 아는 '따뜻함'의 내용과 비교해보겠습니다. 각 방법이 아래의 조건에 해당하는지 체크해보세요.

	1	2	3
• 정서적 안정감 주기	☐	☐	☐
• 무조건적인 사랑을 보여주기	☐	☐	☐
• 보살펴주기	☐	☐	☐
• 아이의 발달단계를 존중하기	☐	☐	☐
• 아이가 필요한 것에 세심하게 신경 쓰기	☐	☐	☐
• 아이의 감정에 공감하기	☐	☐	☐

각 대응 방법을 우리가 아는 '구조화'의 내용과 비교해보겠습니다. 각 방법이 아래의 조건에 해당하는지 체크해보세요.

	1	2	3
• 행동에 대한 명확한 가이드라인 주기	☐	☐	☐
• 당신의 기대치에 대해 명확한 정보 주기	☐	☐	☐
• 명확하게 설명해주기	☐	☐	☐
• 아이의 학습을 지지하기	☐	☐	☐
• 아이 스스로 생각하도록 격려하기	☐	☐	☐
• 갈등 해결 능력을 가르치기	☐	☐	☐

3단계 – 아이가 어떻게 생각하고 느끼는지 고려하기

왜 10대 초반 아이들은 변덕스러울까요?

4단계 – 문제 해결하기

아래의 항목들을 우리가 아는 아이들의 발달단계에 대한 지식과 비교해보겠습니다. 다음의 항목 중 발달단계를 고려하여 어떤 행동을 해야 할지 체크해보세요.

1. 저녁을 주지 않고 아이를 방으로 들여보낸다. ☐

2. 아이에게 매를 든다. ☐

3. 아이의 기분을 존중해주고, 이야기를 들어주고, 시지해주며 예의 바른 의사소통의 중요성에 대해 설명한다. ☐

5단계 – '긍정적으로 아이 키우기'를 실행하기

당신의 장기적 목표에 대해 생각해보고, 아이에게 따뜻함과 구조화를 제공해줄 수 있는 방법과 아이의 발달단계에 대해 생각해보았습니다. 당신은 어떤 방법을 고르시겠습니까?

만약 3번을 고르셨다면, 잘하셨습니다!

아이의 화

어린 시절의 큰 과제 중 하나는 감정을 조절하고 표현하는 법을 배우는 것입니다. 감정은 가끔 우리가 이성적으로 생각하는 것을 방해하지요. 감정을 조절하고 적절히 표현하는 것은 어려운 일입니다. 감정에 휩싸이면 충동적인 행동을 하거나 하지 말아야 할 말과 행동을 하게 되니까요. 감정을 이해하고 조절하여 긍정적인 방법으로 표현하는 것은 아이가 풀어가야 할 큰 과제입니다.

때때로 아이들의 감정은 자신을 압도하기도 합니다. 어렸을 때 떼를 썼던 것처럼 분노가 폭발하기도 하고, 감정을 표현하지 못하거나 표현하는 것을 두려워할 수도 있습니다. 이럴 때 아이들은 자신이 안전하고 사랑받고 있다는 것을 알아야 합니다.

아이가 화가 나 있을 때 조용히 대화를 나누는 것은 불가능하지요. 이럴 때 할 수 있는 가장 좋은 방법은 아이 가까이에 있으면서 아이가 도움이 필요할 때 부모가 옆에 있다는 것을 행동으로 보여주는 것입니다.

아이가 진정되면, 아이와 이 문제에 대해 이야기해볼 수 있습니다. 부모가 차분함을 유지함으로써 감정을 긍정적으로 표현하는 모습을 보여줄 수 있습니다. 또한 감정을 폭발하게 한 문제에 대한 해답을 찾는 방법을 알려줄 수도 있겠지요.

격한 감정도 시간이 흐르면 지나가기 마련입니다. 아이가 감정의 기복을 보일 때 부모가 먼저 감정을 조절하는 본보기가 되어 아이를 도울 수 있습니다.

상황 2

아이가 오랜 시간 게임을 합니다. 게임 그만하고 숙제를 하라고 날마다 아이와 실랑이를 합니다. 당신은 아이가 게임에 '중독'돼서 다른 것에 흥미를 잃을까 봐 걱정합니다.

당신은 어떻게 해야 할까요? 다음을 잘 읽고 어떤 것이 가장 좋은 대응 방법이며 그 이유가 무엇일지 생각해보시기 바랍니다.

1. 게임기 플러그를 뽑고 성적이 잘 나오기 전까지는 게임을 다시 못할 거라 말한다.

2. 아이한테 화를 내면서 당신이 얼마나 걱정을 하는지 보여주고, 공부에 관심이 없다면 책을 다 버리겠다고 협박한다.

3. 조용한 시간을 골라 아이와 이야기한다. 아이가 게임하기를 좋아한다는 것을 알아주고, 당신이 왜 아이가 너무 많은 시간을 게임에 쏟아붓는 걸 걱정하는지 설명한다. 아이와 함께 어떤 종류의 게임을 해도 되는지, 하루에 얼마나 해도 될지 규칙을 의논한다. 서로 공평하다고 생각하는 규칙을 정해서 게임기 뒷면에 붙여둔다. 규칙을 따르려고 하는 아이의 노력을 인정해준다.

1단계 – 장기적 목표 기억하기

이 상황과 관련한 당신의 장기적 목표는 어떤 것들이 있나요?

장기적 목표로 이끌어줄 대응 방법에 체크해보세요.

1. 플러그를 뽑고 좋은 성적을 받아야 게임을 할 수 있다고 말한다. ☐

2. 화를 내고 협박한다. ☐

3. 아이의 관심사를 알아주고, 부모의 걱정에 대해 설명해 주고, 함께 규칙을 만들며 아이의 노력을 인정해준다. ☐

2단계 – 따뜻함과 구조화에 집중하기

각 대응 방법을 우리가 아는 '따뜻함'의 내용과 비교해보겠습니다. 각 방법이 아래의 조건에 해당하는지 체크해보세요.

	1	2	3
• 정서적 안정감 주기	□	□	□
• 무조건적인 사랑을 보여주기	□	□	□
• 보살펴주기	□	□	□
• 아이의 발달단계를 존중하기	□	□	□
• 아이가 필요한 것에 세심하게 신경 쓰기	□	□	□
• 아이의 감정에 공감하기	□	□	□

각 대응 방법을 우리가 아는 '구조화'의 내용과 비교해보겠습니다. 각 방법이 아래의 조건에 해당하는지 체크해보세요.

	1	2	3
• 행동에 대한 명확한 가이드라인 주기	☐	☐	☐
• 당신의 기대치에 대해 명확한 정보 주기	☐	☐	☐
• 명확하게 설명해주기	☐	☐	☐
• 아이의 학습을 지지하기	☐	☐	☐
• 아이 스스로 생각하도록 격려하기	☐	☐	☐
• 갈등 해결 능력을 가르치기	☐	☐	☐

3단계 – 아이가 어떻게 생각하고 느끼는지 고려하기

왜 10대 초반 아이들은 게임을 좋아할까요?

4단계 – 문제 해결하기

이제 아래의 항목들을 우리가 아는 아이들의 발달단계에 대한 지식과 비교해보겠습니다. 다음 항목 중 발달단계를 고려하여 어떤 행동을 해야 할지 체크해보세요.

1. 플러그를 뽑고 좋은 성적을 받아야 게임을 할 수 있다고 말한다. □

2. 화를 내고 협박한다. □

3. 아이의 관심사를 알아주고, 부모의 걱정에 대해 설명해 주고, 함께 규칙을 만들며 아이의 노력을 인정해준다. □

5단계 – '긍정적으로 아이 키우기'를 실행하기

당신의 장기적 목표에 대해 생각해보고, 아이에게 따뜻함과 구조화를 제공해줄 수 있는 방법과 아이의 발달단계에 대해 생각해보았습니다. 당신은 어떤 방법을 고르시겠습니까?

만약 3번을 고르셨다면, 잘하셨습니다!

상황 3

아이가 '나쁜 말'을 많이 쓰는 아이와 친구가 되었습니다. 어느 날, 친구가 쓰는 '나쁜 말'을 아이가 하는 것을 들었습니다. 당신은 매우 속상합니다. 그동안 가르친 모든 것들을 아이가 무시할까 봐 걱정이 되기 시작합니다.

당신은 어떻게 해야 할까요? 다음을 잘 읽고 어떤 것이 가장 좋은 대응 방법이며 그 이유가 무엇일지 생각해보시기 바랍니다.

1. 이 일을 기회로 삼아 아이와 또래 압력에 대해 차분히 얘기하며 아이의 행동이 다른 사람에게 어떤 영향을 끼치는지 이야기를 나눈다. 아이에게 스스로 의사결정을 하는 것이 중요하다는 사실을 말해준다.

2. 나쁜 말을 다시는 쓰지 않고 부모에 대한 존경심을 보여야 한다는 것을 가르치기 위해 아이의 입을 비누로 씻는다.

3. 한 달 동안 하교 후 집에만 있게 하고 그 친구와 다시는 놀 수 없다고 말한다.

1단계 – 장기적 목표 기억하기

이 상황과 관련한 당신의 장기적 목표는 어떤 것들이 있나요?

장기적 목표로 이끌어줄 대응 방법에 체크해보세요.

1. 또래 압력과 의사 결정에 대해 이야기를 나눈다. ☐

2. 아이의 입을 비누로 씻는다. ☐

3. 밖에 나가지 못하게 하고 친구도 만나지 못하게 한다. ☐

각 대응 방법을 우리가 아는 '따뜻함'의 내용과 비교해보겠습니다.
각 방법이 아래의 조건에 해당하는지 체크해보세요.

	1	2	3
• 정서적 안정감 주기	□	□	□
• 무조건적인 사랑을 보여주기	□	□	□
• 보살펴주기	□	□	□
• 아이의 발달단계를 존중하기	□	□	□
• 아이가 필요한 것에 세심하게 신경 쓰기	□	□	□
• 아이의 감정에 공감하기	□	□	□

각 대응 방법을 우리가 아는 '구조화'의 내용과 비교해보겠습니다. 각 방법이 아래의 조건에 해당하는지 체크해보세요.

	1	2	3
• 행동에 대한 명확한 가이드라인 주기	☐	☐	☐
• 당신의 기대치에 대해 명확한 정보 주기	☐	☐	☐
• 명확하게 설명해주기	☐	☐	☐
• 아이의 학습을 지지하기	☐	☐	☐
• 아이 스스로 생각하도록 격려하기	☐	☐	☐
• 갈등 해결 능력을 가르치기	☐	☐	☐

3단계 – 아이가 어떻게 생각하고 느끼는지 고려하기

왜 10대 초반 청소년들은 욕을 할까요?

4단계 – 문제 해결하기

아래의 항목들을 우리가 아는 아이들의 발달단계에 대한 지식과 비교해보겠습니다. 다음의 항목 중 발달단계를 고려하여 어떤 행동을 해야 할지 체크해보세요.

1. 또래 압력과 의사결정에 대해 이야기를 나눈다. ☐

2. 아이의 입을 비누로 씻는다. ☐

3. 밖에 나가지 못하게 하고 친구도 만나지 못하게 한다. ☐

5단계 – '긍정적으로 아이 키우기'를 실행하기

당신의 장기적 목표에 대해 생각해보고, 아이에게 따뜻함과 구조화를 제공해줄 수 있는 방법과 아이의 발달단계에 대해 생각해보았습니다. 당신은 어떤 방법을 고르시겠습니까?

만약 1번을 고르셨다면, 잘하셨습니다!

"아이들은 수치스러운 대우나 벌로부터 보호받을 권리가 있다."

_유엔아동권리협약 제37조

상황 1

그동안 아이는 늘 당신이 정해준 스타일로 옷을 입고 머리를 했습니다. 친구들과도 원만히 잘 지냈으며 지역사회 행사에도 참여도가 높았습니다. 그런데 어느 날 아이가 피어싱을 하고 머리를 삐쭉삐쭉 세운 채 저속한 문구가 새겨진 옷을 입고 나타났습니다.

당신은 어떻게 해야 할까요? 다음을 잘 읽고 어떤 것이 가장 좋은 대응 방법이며 그 이유가 무엇일지 생각해보시기 바랍니다.

1. 왜 속상한지를 설명하고 허용할 수 있는 외모의 변화는 어디까지인지, 나머지는 왜 허용할 수 없는지 설명한 후 아이의 의견을 묻는다. 아이의 변화를 어느 정도 수용하면서 동시에 당신의 감정을 존중하는 합의점을 찾는다.

2. 불량해 보인다고 말하고 2주간 집 밖으로 나가지 못한다고 말한다.

3. 아이를 앉혀놓고 머리카락을 자른 후, 피어싱을 빼버린다.

1단계 – 장기적 목표 기억하기

이 상황과 관련한 당신의 장기적 목표는 어떤 것들이 있나요?

장기적 목표로 이끌어줄 대응 방법에 체크해보세요.

1. 당신의 감정을 설명하고 타협점을 찾는다. ☐

2. 외출을 금지한다. ☐

3. 머리카락을 자르고 피어싱을 빼버린다. ☐

각 대응 방법을 우리가 아는 '따뜻함'의 내용과 비교해보겠습니다. 각 방법이 아래의 조건에 해당하는지 체크해보세요.

	1	2	3
• 정서적 안정감 주기	☐	☐	☐
• 무조건적인 사랑을 보여주기	☐	☐	☐
• 보살펴주기	☐	☐	☐
• 아이의 발달단계를 존중하기	☐	☐	☐
• 아이가 필요한 것에 세심하게 신경 쓰기	☐	☐	☐
• 아이의 감정에 공감하기	☐	☐	☐

각 대응 방법을 우리가 아는 '구조화'의 내용과 비교해보겠습니다.
각 방법이 아래의 조건에 해당하는지 체크해보세요.

	1	2	3
• 행동에 대한 명확한 가이드라인 주기	☐	☐	☐
• 당신의 기대치에 대해 명확한 정보 주기	☐	☐	☐
• 명확하게 설명해주기	☐	☐	☐
• 아이의 학습을 지지하기	☐	☐	☐
• 아이 스스로 생각하도록 격려하기	☐	☐	☐
• 갈등 해결 능력을 가르치기	☐	☐	☐

3단계 – 아이가 어떻게 생각하고 느끼는지 고려하기

왜 청소년들은 겉모습을 바꿀까요?

4단계 – 문제 해결하기

아래의 항목들을 우리가 아는 아이들의 발달단계에 대한 지식과 비교해보겠습니다. 다음의 항목 중 발달단계를 고려하여 어떤 행동을 해야 할지 체크해보세요.

1. 당신의 감정을 설명하고 타협점을 찾는다. ☐

2. 외출을 금지한다. ☐

3. 머리카락을 자르고 피어싱을 빼버린다. ☐

5단계 – '긍정적으로 아이 키우기'를 실행하기

당신의 장기적 목표에 대해 생각해보고, 아이에게 따뜻함과 구조화를 제공해줄 수 있는 방법과 아이의 발달단계에 대해 생각해보았습니다. 당신은 어떤 방법을 고르시겠습니까?

만약 1번을 고르셨다면, 잘하셨습니다!

상황 2

아이가 스마트폰을 손에서 놓지 않습니다. 밤늦도록 스마트폰을 들여다보다가 늦잠을 자기 일쑤입니다. 오늘 가족들이 함께 모인 식사 자리에서도 스마트폰에서 눈을 떼지 못하고 있습니다. 당신은 아이가 핸드폰을 계속 보는 행동에 대하여 매우 짜증을 느끼고 있습니다.

당신은 어떻게 대처하는 것이 좋을까요? 다음 중 어떤 것이 가장 좋은 대응 방법이며 그 이유가 무엇일지 생각해보시기 바랍니다.

1. 아이에게 계속 그렇게 행동하면 스마트폰을 압수하겠다고 말한다.

2. 먼저 마음을 가다듬고, 아이에게 스마트폰이 얼마나 중요한지 물어본다. 식사 자리에서 스마트폰을 볼 때 당신의 느낌을 아이에게 설명하며, 왜 스마트폰에 시간을 많이 보내는 것에 대해 걱정하는지 말해준다. 아이와 함께 적절한 스마트폰 사용 시간에 대한 규칙을 정하고 이를 따르는 것에 대해 동의를 구한다.

3. 다음 식사 자리에도 핸드폰을 가져올 경우, 스마트폰 요금제를 취소하겠다고 경고한다.

1단계 – 장기적 목표 기억하기

이 상황과 관련한 당신의 장기적 목표는 어떤 것들이 있나요?

장기적 목표로 이끌어줄 대응 방법에 체크해보세요.

1. 계속 그렇게 행동하면 스마트폰을 압수하겠다고 말한다. ☐

2. 아이의 욕구를 읽어주고 스마트폰을 지나치게 많이 사용하는 것에 대한 걱정을 이야기한 후 함께 규칙을 정한다. ☐

3. 요금제를 취소하겠다고 협박한다. ☐

각 대응 방법을 우리가 아는 '따뜻함'의 내용과 비교해보겠습니다.
각 방법이 아래의 조건에 해당하는지 체크해보세요.

	1	2	3
• 정서적 안정감 주기	☐	☐	☐
• 무조건적인 사랑을 보여주기	☐	☐	☐
• 보살펴주기	☐	☐	☐
• 아이의 발달단계를 존중하기	☐	☐	☐
• 아이가 필요한 것에 세심하게 신경 쓰기	☐	☐	☐
• 아이의 감정에 공감하기	☐	☐	☐

각 대응 방법을 우리가 아는 '구조화'의 내용과 비교해보겠습니다. 각 방법이 아래의 조건에 해당하는지 체크해보세요.

	1	2	3
• 행동에 대한 명확한 가이드라인 주기	□	□	□
• 당신의 기대치에 대해 명확한 정보 주기	□	□	□
• 명확하게 설명해주기	□	□	□
• 아이의 학습을 지지하기	□	□	□
• 아이 스스로 생각하도록 격려하기	□	□	□
• 갈등 해결 능력을 가르치기	□	□	□

3단계 – 아이가 어떻게 생각하고 느끼는지 고려하기

아이들은 왜 손에서 스마트폰을 놓지 못할까요?

4단계 – 문제 해결하기

아래의 항목들을 우리가 아는 아이들의 발달단계에 대한 지식과 비교해보겠습니다. 다음의 항목 중 발달단계를 고려하여 어떤 행동을 해야 할지 체크해보세요.

1. 계속 그렇게 행동하면 스마트폰을 압수하겠다고 말한다. ☐

2. 아이의 욕구를 읽어주고 스마트폰을 지나치게 많이 사용하는 것에 대한 걱정을 이야기한 후 함께 규칙을 정한다. ☐

3. 요금제를 취소하겠다고 협박한다. ☐

당신의 장기적 목표에 대해 생각해보고, 아이에게 따뜻함과 구조화를 제공해줄 수 있는 방법과 아이의 발달단계에 대해 생각해보았습니다. 당신은 어떤 방법을 고르시겠습니까?

만약 2번을 고르셨다면, 잘하셨습니다!

상황 3

딸아이 남자친구가 얼마 전 오토바이 면허를 땄습니다. 당신은 딸에게 오토바이를 타면 안 된다고 말했는데, 어느 날 아이는 숙제하러 친구 집에 간다 하고는 남자친구 오토바이를 타고 드라이브를 갔습니다. 당신은 딸이 거짓말했다는 것을 알게 되었지요.

당신은 어떻게 해야 할까요? 다음을 잘 읽고 어떤 것이 가장 좋은 대응 방법이며 그 이유가 무엇일지 생각해보시기 바랍니다.

1. 배신감을 느꼈고 다시는 아이를 믿을 수 없을 거라고 말한다. 남자친구가 자꾸 나쁜 영향을 끼치니 헤어지라고 말한다.

2. 부모에게 거짓말하는 것은 가장 나쁜 짓이고 부모자식 관계는 이제 예전 같지 않을 거라고 말하며 아이를 방으로 들여보낸다. 두 달간 외출을 금지한다.

3. 아이의 안전이 세상에서 가장 중요하다고 말해준다. 부모의 규칙은 아이를 사랑하기 때문에, 안전이 걱정되기 때문에 만든 것이므로 이에 관해서는 타협할 수 없다고 말한다. 그리고 왜 규칙을 어기고 거짓말을 했는지 아이에게 물어본다. 설명을 들은 후엔 아이의 동기를 이해하려 노력하며, 아이가 안전하면서도 독립심을 충족할 수 있는 방법이 무엇일지 얘기해본다. 아이의 남자친구에게도 규칙과 그 이유에 대해 얘기한다. 그리고 여자친구를 태우고 운전하지 않을 것을 합의한다.

1단계 – 장기적 목표 기억하기

이 상황과 관련한 당신의 장기적 목표는 어떤 것들이 있나요?

장기적 목표로 이끌어줄 대응 방법에 체크해보세요.

1. 너를 못 믿겠다고 말하고 남자친구와 헤어지게 한다. ☐

2. 아이에게 최악의 일을 했다고 말하고 방에 돌려보낸 후 외출을 금지한다. ☐

3. 규칙의 이유를 설명한 후, 규칙을 깨고 거짓말을 한 이유에 대해 들어본다. 그럼에도 꿋꿋하게 안전에 대한 규칙을 이야기하고, 아이에게 자립심을 길러줄 수 있는 안전한 방법을 찾아본다. 또 아이의 남자친구와 이 문제에 대해 이야기한다. ☐

각 대응 방법을 우리가 아는 '따뜻함'의 내용과 비교해보겠습니다. 각 방법이 아래의 조건에 해당하는지 체크해보세요.

	1	2	3
• 정서적 안정감 주기	□	□	□
• 무조건적인 사랑을 보여주기	□	□	□
• 보살펴주기	□	□	□
• 아이의 발달단계를 존중하기	□	□	□
• 아이가 필요한 것에 세심하게 신경 쓰기	□	□	□
• 아이의 감정에 공감하기	□	□	□

각 대응 방법을 우리가 아는 '구조화'의 내용과 비교해보겠습니다. 각 방법이 아래의 조건에 해당하는지 체크해보세요.

	1	2	3
• 행동에 대한 명확한 가이드라인 주기	☐	☐	☐
• 당신의 기대치에 대해 명확한 정보 주기	☐	☐	☐
• 명확하게 설명해주기	☐	☐	☐
• 아이의 학습을 지지하기	☐	☐	☐
• 아이 스스로 생각하도록 격려하기	☐	☐	☐
• 갈등 해결 능력을 가르치기	☐	☐	☐

3단계 – 아이가 어떻게 생각하고 느끼는지 고려하기

왜 청소년은 규칙을 어기고 가끔 거짓말도 할까요?

0~6개월
6~12개월
만 1~2세
만 2~3세
만 3~5세
만 5~9세
만 10~13세
만 14~18세

4단계 – 문제 해결하기

아래의 항목들을 우리가 아는 아이들의 발달단계에 대한 지식과 비교해보겠습니다. 다음의 항목 중 발달단계를 고려하여 어떤 행동을 해야 할지 체크해보세요.

1. 너를 못 믿겠다고 말하고 남자친구와 헤어지게 한다. ☐

2. 아이에게 최악의 일을 했다고 말하고 방에 돌려보낸 후 외출을 금지한다. ☐

3. 규칙의 이유를 설명한 후, 거짓말을 한 이유에 대해 들어본다. 그럼에도 꿋꿋하게 안전에 대한 규칙을 이야기하고, 아이에게 자립심을 길러줄 수 있는 안전한 방법을 찾아본다. 또 아이의 남자친구와 이 문제에 대해 이야기한다. ☐

5단계 – '긍정적으로 아이 키우기'를 실행하기

이제 당신의 장기적 목표에 대해 생각해보고, 아이에게 따뜻함과 구조화를 제공해줄 수 있는 방법과 아이의 발달단계에 대해 생각해보았습니다. 당신은 어떤 방법을 고르시겠습니까?

만약 3번을 고르셨다면, 잘하셨습니다!

상황 4

열일곱 살인 아이에게는 주말 밤 10시라는 통금시간이 있습니다. 토요일 밤, 현재 시각은 10시 반이고 아이는 집에 오지 않았습니다. 아이는 당신이 모르는 친구의 생일파티에 갔습니다. 파티 장소가 집에서 먼 곳인데 정확히 어디인지도 모르기 때문에 당신은 매우 걱정이 됩니다. 어쩌면 파티에서 술을 마실지도 모른다는 생각도 들지요.

아이가 집으로 돌아왔을 때 당신은 어떻게 해야 할까요? 다음을 잘 읽고 어떤 것이 가장 좋은 대응 방법이며 그 이유가 무엇일지 생각해보시기 바랍니다.

1. 한 달간 외출을 금지하고 다음번에 같은 일이 일어나면 집에서 내쫓겠다고 말한다.

2. 아이의 무례한 행동을 용서하지 않는다는 것을 보여주기 위해 때린다.

3. 얼마나 걱정했는지 말해준다. 사랑하는 사람이 위험에 처했다고 생각될 때 기분이 어떨지 설명해준다. 아이가 어떤 위험에 처해 있었는지 설명한다. 안전을 지키며 제시간에 집에 돌아오기 위해 무엇을 하면 좋은지 아이에게 물어본다. 부모가 받아들일 수 있는 규칙을 세운다. 아이가 두 달간 이 규칙을 잘 지키면 통금시간을 늘리는 것을 고려해보겠다고 말한다.

1단계 – 장기적 목표 기억하기

이 상황과 관련한 당신의 장기적 목표는 어떤 것들이 있나요?

장기적 목표로 이끌어줄 대응 방법에 체크해보세요.

1. 외출을 금지하고 내쫓겠다고 협박한다. ☐

2. 때린다. ☐

3. 아이의 행동이 당신에게 끼치는 영향과 위험요소가 아이에게 끼치는 영향을 설명하고, 함께 규칙을 세운 후 책임감 있게 행동하면 자유를 더 주겠다고 말한다. ☐

각 대응 방법을 우리가 아는 '따뜻함'의 내용과 비교해보겠습니다. 각 방법이 아래의 조건에 해당하는지 체크해보세요.

	1	2	3
• 정서적 안정감 주기	☐	☐	☐
• 무조건적인 사랑을 보여주기	☐	☐	☐
• 보살펴주기	☐	☐	☐
• 아이의 발달단계를 존중하기	☐	☐	☐
• 아이가 필요한 것에 세심하게 신경 쓰기	☐	☐	☐
• 아이의 감정에 공감하기	☐	☐	☐

각 대응 방법을 우리가 아는 '구조화'의 내용과 비교해보겠습니다. 각 방법이 아래의 조건에 해당하는지 체크해보세요.

	1	2	3
• 행동에 대한 명확한 가이드라인 주기	☐	☐	☐
• 당신의 기대치에 대해 명확한 정보 주기	☐	☐	☐
• 명확하게 설명해주기	☐	☐	☐
• 아이의 학습을 지지하기	☐	☐	☐
• 아이 스스로 생각하도록 격려하기	☐	☐	☐
• 갈등 해결 능력을 가르치기	☐	☐	☐

3단계 – 아이가 어떻게 생각하고 느끼는지 고려하기

청소년들은 왜 위험한 일을 하고 규칙을 어길까요?

4단계 – 문제 해결하기

이제 아래의 항목들을 우리가 아는 아이들의 발달단계에 대한 지식과 비교해보겠습니다. 다음의 항목 중 발달단계를 고려하여 어떤 행동을 해야 할지 체크해보세요.

1. 외출을 금지하고 내쫓겠다고 협박한다. ☐

2. 때린다. ☐

3. 아이의 행동이 당신에게 끼치는 영향과 위험요소가 아이에게 끼치는 영향을 설명하고, 함께 규칙을 세운 후 책임감 있게 행동하면 자유를 더 주겠다고 말한다. ☐

5단계 – '긍정적으로 아이 키우기'를 실행하기

당신의 장기적 목표에 대해 생각해보고, 아이에게 따뜻함과 구조화를 제공해줄 수 있는 방법과 아이의 발달단계에 대해 생각해보았습니다. 당신은 어떤 방법을 고르시겠습니까?

만약 3번을 고르셨다면, 잘하셨습니다!

이 책에서는 힘든 양육 환경에 대한 일부 예시를 보여주었습니다. 물론 이외에도 가족 간의 갈등으로 이어질 다른 상황이 많이 있겠지요.

당신이 특별히 어려움을 겪고 있는 상황에 대한 문제해결 과정을 다음 페이지를 활용하여 진행해보세요.

각 상황에 대해 간단히 써보고 단계별로 상황을 짚어보시기 바랍니다. 끝날 때쯤엔, 각 상황에 어떻게 대응해야 할지에 대한 새로운 방법을 생각해낼 수 있을 것입니다.

상황 1

아이가 ____________________ 할 때 어떻게 해야 할까요?

3가지 대응 방법을 써보세요.

1.

2.

3.

1단계 – 장기적 목표 기억하기

이 상황과 관련한 당신의 장기적 목표는 어떤 것들이 있나요?

앞서 작성한 3가지 대응 방법이 장기적 목표 달성에 도움이 되는지 체크해보세요.

1. ☐

2. ☐

3. ☐

각 대응 방법을 우리가 아는 '따뜻함'의 내용과 비교해보겠습니다. 각 방법이 아래의 조건에 해당하는지 체크해보세요.

	1	2	3
• 정서적 안정감 주기	☐	☐	☐
• 무조건적인 사랑을 보여주기	☐	☐	☐
• 보살펴주기	☐	☐	☐
• 아이의 발달단계를 존중하기	☐	☐	☐
• 아이가 필요한 것에 세심하게 신경 쓰기	☐	☐	☐
• 아이의 감정에 공감하기	☐	☐	☐

각 대응 방법을 우리가 아는 '구조화'의 내용과 비교해보겠습니다. 각 방법이 아래의 소선에 해당하는지 체크해보세요.

	1	2	3
• 행동에 대한 명확한 가이드라인 주기	☐	☐	☐
• 당신의 기대치에 대해 명확한 정보 주기	☐	☐	☐
• 명확하게 설명해주기	☐	☐	☐
• 아이의 학습을 지지하기	☐	☐	☐
• 아이 스스로 생각하도록 격려하기	☐	☐	☐
• 갈등 해결 능력을 가르치기	☐	☐	☐

3단계 – 아이가 어떻게 생각하고 느끼는지 고려하기

이 연령대의 아이들은 왜 이렇게 행동할까요?

4단계 – 문제 해결하기

다시 앞서 작성한 3가지 대응 방법들을 우리가 배운 아이의 발달단계에 관한 지식과 비교해보겠습니다. 각 대응 방법 중 발달단계를 고려한 행동을 체크해보세요.

1. ☐

2. ☐

3. ☐

5단계 – '긍정적으로 아이 키우기'를 실행하기

당신의 장기적 목표에 대해 생각해보고, 아이에게 따뜻함과 구조화를 제공해줄 수 있는 방법과 아이의 발달단계에 대해 생각해보았습니다. 당신은 어떤 방법을 고르시겠습니까?

상황 2

아이가 ______________________ 할 때 어떻게 해야 할까요?
3가지 대응 방법을 써보세요.

1.

2.

3.

1단계 – 장기적 목표 기억하기

이 상황과 관련한 당신의 장기적 목표는 어떤 것들이 있나요?

앞서 작성한 3가지 대응 방법이 장기적 목표 달성에 도움이 되는지 체크해보세요.

1. ☐

2. ☐

3. ☐

2단계 – 따뜻함과 구조화에 집중하기

각 대응 방법을 우리가 아는 '따뜻함'의 내용과 비교해보겠습니다. 각 방법이 아래의 조건에 해당하는지 체크해보세요.

	1	2	3
• 정서적 안정감 주기	☐	☐	☐
• 무조건적인 사랑을 보여주기	☐	☐	☐
• 보살펴주기	☐	☐	☐
• 아이의 발달단계를 존중하기	☐	☐	☐
• 아이가 필요한 것에 세심하게 신경 쓰기	☐	☐	☐
• 아이의 감정에 공감하기	☐	☐	☐

각 대응 방법을 우리가 아는 '구조화'의 내용과 비교해보겠습니다. 각 방법이 아래의 조건에 해당하는지 체크해보세요.

	1	2	3
• 행동에 대한 명확한 가이드라인 주기	☐	☐	☐
• 당신의 기대치에 대해 명확한 정보 주기	☐	☐	☐
• 명확하게 설명해주기	☐	☐	☐
• 아이의 학습을 지지하기	☐	☐	☐
• 아이 스스로 생각하도록 격려하기	☐	☐	☐
• 갈등 해결 능력을 가르치기	☐	☐	☐

3단계 – 아이가 어떻게 생각하고 느끼는지 고려하기

이 연령대의 아이들은 왜 이렇게 행동할까요?

4단계 – 문제 해결하기

다시 앞서 작성한 3가지 대응 방법들을 우리가 배운 아이의 발달단계에 관한 지식과 비교해보겠습니다. 각 대응 방법 중 발달단계를 고려한 행동을 체크해보세요.

1. .... ☐

2. .... ☐

3. .... ☐

5단계 – '긍정적으로 아이 키우기'를 실행하기

당신의 장기적 목표에 대해 생각해보고, 아이에게 따뜻함과 구조화를 제공해줄 수 있는 방법과 아이의 발달단계에 대해 생각해보았습니다. 당신은 어떤 방법을 고르시겠습니까?

....

"아이들은 인간의 존엄성을 존중하는 학교 교육을 받을 권리가 있다."

_유엔아동권리협약 제28조

상황 3

아이가 ______________________ 할 때 어떻게 해야 할까요?
3가지 대응 방법을 써보세요.

1.

2.

3.

1단계 – 장기적 목표 기억하기

이 상황과 관련한 당신의 장기적 목표는 어떤 것들이 있나요?

앞서 작성한 3가지 대응 방법이 장기적 목표 달성에 도움이 되는지 체크해보세요.

1. ☐

2. ☐

3. ☐

각 대응 방법을 우리가 아는 '따뜻함'의 내용과 비교해보겠습니다. 각 방법이 아래의 조건에 해당하는지 체크해보세요.

	1	2	3
• 정서적 안정감 주기	□	□	□
• 무조건적인 사랑을 보여주기	□	□	□
• 보살펴주기	□	□	□
• 아이의 발달단계를 존중하기	□	□	□
• 아이가 필요한 것에 세심하게 신경 쓰기	□	□	□
• 아이의 감정에 공감하기	□	□	□

각 대응 방법을 우리가 아는 '구조화'의 내용과 비교해보겠습니다. 각 방법이 아래의 조건에 해당하는지 체크해보세요.

	1	2	3
• 행동에 대한 명확한 가이드라인 주기	☐	☐	☐
• 당신의 기대치에 대해 명확한 정보 주기	☐	☐	☐
• 명확하게 설명해주기	☐	☐	☐
• 아이의 학습을 지지하기	☐	☐	☐
• 아이 스스로 생각하도록 격려하기	☐	☐	☐
• 갈등 해결 능력을 가르치기	☐	☐	☐

3단계 – 아이가 어떻게 생각하고 느끼는지 고려하기

이 연령대의 아이들은 왜 이렇게 행동할까요?

4단계 – 문제 해결하기

다시 앞서 작성한 3가지 대응 방법들을 우리가 배운 아이의 발달단계에 관한 지식과 비교해보겠습니다. 각 대응 방법 중 발달단계를 고려한 행동을 체크해보세요.

1. .... ☐

2. .... ☐

3. .... ☐

5단계 – '긍정적으로 아이 키우기'를 실행하기

당신의 장기적 목표에 대해 생각해보고, 아이에게 따뜻함과 구조화를 제공해줄 수 있는 방법과 아이의 발달단계에 대해 생각해보았습니다. 당신은 어떤 방법을 고르시겠습니까?

....

"아이들은 자신에게 영향을 미치는 일에 대해
자신의 의견을 표현할 권리가 있다."

_유엔아동권리협약 제12조

실수에서 배우고 성장하기

이 책은 부모가 장기적인 목표를 발견하고 양육 과정에서 아이에게 따뜻함과 구조화를 제공함으로써 아이가 어떻게 생각하고 느끼는지 고려해 문제해결을 할 수 있도록 돕는 '긍정적으로 아이 키우기' 원리를 설명하고 있습니다.

부모가 아이를 키우면서 겪을 만한 흔한 문제를 각각의 연령대별로 보여주며 이 원리를 적용하는 연습을 해봤습니다. 이 연습은 다양한 문제를 마주했을 때 그 해결 방법을 찾는 데 도움이 될 것입니다.

누구나 감정 조절이 안 될 때 이성적으로 생각하는 것은 당연히 어렵습니다. 부모 스스로 점점 화가 나고 있다고 느낄 때는 심호흡을 한 후 눈을 감고 다음에 대해 생각해보시기 바랍니다.

1. 장기적 목표
2. 따뜻함과 구조화의 중요성
3. 아이의 발달단계

부모가 세운 장기적 목표를 향해 나아가다가 여러 문제들에 부딪혔을 때 아이들이 원치 않는 것, 불만족스러워 하는 것들을 존중할 수 있는 대응 방법도 세우실 수 있으면 좋겠습니다.

그렇게 하면 아이도 좌절감이나 갈등, 분노 같은 감정을 어떻게 다스리는지 배우게 되고, 폭력 없이 살아갈 수 있는 힘을 기르게 되며, 자존감이 높아질 것입니다. 아마 당신은 아이의 존경을 한 몸에 받는 부모로 거듭나게 될 것입니다.

세상에 완벽한 부모는 없습니다. 우리는 모두 실수를 합니다. 하지만 우리는 그 실수에서 새로운 것을 배우고 다음번엔 더 잘해내야 합니다.

긍정적인 양육의 여정을 즐기세요.

"아이들에게 연관된 모든 행동에는 아이를 위한 최선의 이익이 최우선적으로 고려되어야 한다."

_유엔아동권리협약 제3조

부모와 아이가 함께 성장하는 비폭력 양육법
긍정적으로 아이 키우기

초판 1쇄 발행 2022년 6월 7일
초판 6쇄 발행 2024년 10월 30일

글쓴이 | 조안 듀랜트
옮긴이 | 세이브더칠드런 코리아
펴낸이 | 현병호
편집 | 장희숙
디자인 | 이선희
일러스트 | 조재석
펴낸곳 | 도서출판 민들레
출판등록 | 1998년 8월 28일 제10-1632호
주소 | 서울 성북구 동소문로 47-15
전화 | 02-322-1603

이 책은 비폭력적인 자녀 양육을 돕기 위한 공익 목적을 가지고 있습니다.
보다 많은 양육자들이 이 책을 만날 수 있도록 보급판으로 펴냅니다.

ISBN 979-11-91621-11-2 (13590) 값 15,000원